高等院校艺术设计类系列教材

建筑图案

杜珺　米姍　编著

清华大学出版社
北京

内 容 简 介

建筑文化是传统文化的一部分，为宣扬和普及优秀的传统文化，本书的论述在专业性的基础上又兼顾普及性，以建筑装饰实例为基础，综合分析它们的形态和人文内涵。建筑图案是艺术设计专业的一门必修课程，作为一门研究性很强的应用型学科，注重理论联系实际，因此，实例分析就显得尤为重要。全书共分 7 章，从建筑图案的概念入手，全方面地梳理了中国古典建筑图案的脉络。此外，本书分别介绍了各建筑构件的装饰图案，并介绍了不同时期、地域的西方经典建筑的特征。

本书适合作为高等院校艺术设计类相关专业的教材，也可供设计领域的相关人员学习参考。

图书在版编目（CIP）数据

建筑图案 / 杜珺，米姗编著. —北京：清华大学出版社，2022.11
高等院校艺术设计类系列教材
ISBN 978-7-302-60506-5

Ⅰ. ①建… Ⅱ. ①杜… ②米… Ⅲ. ①建筑装饰—装饰图案—高等学校—教材 Ⅳ. ①TU238

中国版本图书馆CIP数据核字(2022)第055903号

责任编辑：孙晓红
封面设计：李　坤
责任校对：李玉茹
责任印制：刘海龙

出版发行：清华大学出版社
　　　　网　　　址：http://www.tup.com.cn, http://www.wqbook.com
　　　　地　　　址：北京清华大学学研大厦A座　　　　邮　　编：100084
　　　　社 总 机：010-83470000　　　　邮　　购：010-62786544
　　　　投稿与读者服务：010-62776969, c-service@tup.tsinghua.edu.cn
　　　　质量反馈：010-62772015, zhiliang@tup.tsinghua.edu.cn
　　　　课件下载：http://www.tup.com.cn, 010-62791865
印 装 者：三河市铭诚印务有限公司
经　　销：全国新华书店
开　　本：190mm×260mm　　　　印　　张：9.25　　　　字　　数：215千字
版　　次：2022年12月第1版　　　　印　　次：2022年12月第1次印刷
定　　价：49.00元

产品编号：089754-01

Preface 前言

　　建筑为人们生活、工作、娱乐等提供了不同的活动场所，这是它的物质功能；建筑作为形态相异的实体，它以不同的造型引起人们的注意，从而使人们产生各种感受，这是它的精神功能。

　　建筑是一门造型艺术，但它与绘画、雕塑不同，它必须在满足物质功能的前提下，通过合适的材料与结构组成其基本的造型。它不能像绘画那样用笔墨、油彩在画布、纸张上任意涂抹，不能像雕塑那样在石料、木料、泥土上任意雕琢和塑造，也不能像绘画、雕塑那样绘制、塑造出具体的人物、动植物、器物的形象及带有情节性的场景。建筑只能用它们的形状和组成的环境表现出一种比较抽象的气氛与感受，宏伟或平和，神秘或亲切，肃穆或活泼，喧闹或寂静。封建帝王不仅要他们的皇宫、皇陵、皇园具有宏伟的气势，还要表现出封建王朝一统天下、长治久安和帝王无上的权力与威慑力的气魄。文人不仅要自己的宅院有自然山水景观，还要自己的住所表现出超凡脱俗的意境；住宅不仅要宁静与私密，还要表现出宅主对福、禄、寿、喜的人生祈望。所有这些精神上的需求可以通过建筑上的装饰来表达。不但把建筑上的构件加工为具有象征意义的形象，还要把建筑的色彩、绘画、雕塑处理好。在这里，装饰成了建筑精神功能重要的表现手段，极大地增强了建筑艺术的表现力。

　　本书共分7章，具体内容如下。

　　第1章为建筑图案的概述部分，阐述了装饰与装饰图案的概念，并梳理了中国古典建筑图案发展的脉络，使读者对建筑图案有一个认知。

　　第2章为建筑的特点总结部分，本章就建筑的时代特征、地域特点、色彩特点、人文理念追求、工艺美五方面进行了相关阐述。

　　第3章承接第2章的内容，以建筑结构为划分依据，分别从户牖装饰，墙面与地面装饰，屋顶构成、式样与装饰，台基、柱子、栏杆装饰，对装饰图案案例进行分析。

　　第4章主要介绍建筑装饰的几种表现手法，如象征与比拟、形象的演变、内容的表现，有助于读者在掌握建筑图案的类型时把握其基本内涵。

　　第5章主要介绍了外国经典建筑及装饰，以时间为基点，对各时期、地域建筑进行介绍，并将其与东方建筑比较，更有助于读者了解东西方建筑的差异。

　　第6章主要介绍装饰图案的各类民族传统特点。

　　第7章主要对建筑装饰风格的形成和价值进行了介绍。

　　本书由华北理工大学的杜珺、米姗两位老师共同编写，其中，第1～5章由杜珺编写，第6

章、第7章由米姗编写。参与本书编写及相关工作的还有封超、张耀林、代小华、封素洁、张婷等，在此一并表示感谢。

由于编者水平有限，书中难免存在一些不足和疏漏之处，敬请广大读者批评、指正。

编　者

Contents 目录

第1章

建筑图案概述

特定时代的审美标准，在某种程度上最终决定了岩彩艺术形式及其形式美的成型与风格的选择。人类步入近现代社会以前，对于"天"的敬畏和向往一直影响着人类。整个古典岩彩艺术时期，岩彩艺术的表现大都是以宗教题材为主。随着生产力的进步、社会的发展和时代的变迁，以及后来横跨欧亚大陆的古代丝绸之路的建立，东方古典岩彩画开始在各地渐渐成熟起来。之后随着佛教文化的传播，逐渐造就并形成了古典岩彩的巅峰——敦煌莫高窟壁画。敦煌莫高窟壁画是中华民族建筑的艺术瑰宝，其造型、色彩都达到了艺术的顶峰。艳丽的色彩（见图1-1和图1-2）、飞动的线条，在这些西北画师对理想天国热烈和动情的描绘里，使我们感受到了画师们在大漠荒原上纵骑狂奔的激情，或许正是这种激情，才孕育出壁画中那样张扬的想象力吧！

图1-1　《五百强盗成佛图》（局部）

图1-2　《鹿王本生图》（局部）

装饰的概念

1.1.1 装饰概述

装饰是指各种能够使人赏心悦目，合乎工艺要求、具有审美联想的视觉艺术。"装饰是物质生产、意识形态的产物"。装饰的发展总是随着社会发展、时代变迁而发展，是人类文化发展的结果。

装饰的普遍性与个体性巧妙结合，构成优美的画面。装饰也是考察某一时期社会文化形态的重要依据之一，从古至今，装饰艺术始终紧随生产实践不断发展。不同时代各异的美学思想、观念，也反映到装饰的方方面面。

19 世纪之前，美术和装饰的界限并不明确，历史上包括拉斐尔、米开朗琪罗在内的许多伟大画家都曾从事装饰艺术的创作。19 世纪 20 年代（装饰时代与设计时代的交接期），法国新艺术运动的兴起标志着现代装饰艺术时代的到来，也逐渐奠定了现代装饰设计的基础。

爱美，是人类的本性。海野弘在《装饰与人类文化》中说："装饰能为被装饰物增加光彩，但必须与被装饰物结合成一个整体，还应该以被装饰物作为自身存在的前提。"装饰是一个设计整体的重要组成部分，是理想美和实用美的巧妙结合。装饰通过自身的造型美、构图美、色彩美等对其装饰主体的特征、性质、功能及价值等方面进行强调或补充，它与被装饰体有机结合，表达了人对不同美感与美好愿望的诉求。装饰的使用范围非常广泛，与我们生活的各个层面密切相关。从祥瑞图案到装饰物品（见图 1-3 ~ 图 1-5），无论是在建筑上还是在其他领域中，装饰对于现代生活的影响都是深刻且重要的。

图1-3　室内装饰

图1-4　建筑外立面装饰

图1-5　古代瓦当

1.1.2　建筑装饰图案

广义的图案指对某物的造型、结构、色彩、纹饰等进行工艺处理前，根据具体的设计、工艺方案制成的图样；狭义的图案则指器物上的装饰纹样与装饰色彩。建筑装饰图案是指特定的素材经过艺术加工后，其造型、色彩、构图等符合审美需求和实用要求，也符合特定建筑构件要求的图样，具有装饰性。

图案具有审美、精神属性，充分体现了设计者的审美诉求。人类在不断探求、发展、创造的过程中赋予建筑以人的意识，建筑装饰图案是这种意识得以体现的重要载体。人类的信仰、渴求、思想、情感、功绩等都在建筑装饰图案中得以体现。

建筑装饰图案在形式和内容上具有独特的表现方式和艺术特征，它与其他艺术门类相互联系、渗透，以其特定的方式阐述建筑的精神。例如，瓦当既有图案造型又可以防止雨水腐蚀椽头、斗拱、梁；漏窗、月洞门既有造型又可用来透光、借景；彩画既美观又可防止木构件表面损坏。

1.2　中国古典建筑装饰图案的脉络

建筑装饰图案形象具体地反映了中国传统自然观、伦理观、审美取向及工艺技术，同时也是朝代更迭、政治经济发展和多民族文化融合的旁证，它既是构成中国建筑艺术风格的重要元素，又是可以独立欣赏和研究的对象。

中国建筑多以砖、木结构为主，早期地面建筑实物遭受天灾人祸被毁坏殆尽，而且记录建筑装饰图案的古籍文献较少，给学者全面、准确地了解其历史脉络带来了诸多困难。如今，人们主要借助出土文物、石窟壁画和现存的建筑实物等来了解中国古典建筑装饰图案的发展历程。例如，山西陶寺村龙山文化遗址中发现的"刻画着图案的白灰墙面"，是目前我国已知最古老的室内装饰。

1.2.1 新石器时代、夏商周时期

1. 新石器时代

以仰韶文化和龙山文化为代表，陶器装饰纹样已获得相当多的成就，其中以几何纹样的应用最为广泛，如三角纹、雷纹等，同时花叶纹、人物纹、动物纹也开始出现。以甘肃临洮马家窑遗址出土的彩陶为代表，纹饰有几何纹、人物纹和动物纹，以几何纹居多，纹样为波浪纹、漩涡纹或垂幛纹。纹饰线条生动流畅，装饰图案构成繁密，变化丰富有序，如图1-6所示。

图1-6　线条流畅的图案

根据器形特点，图案形式出现了单独纹样、二方连续、四方连续等形式，这些纹样的出现反映出当时手工技术的发展程度和审美取向，也直接或间接地应用于建筑造型与装饰。

西方与中国的经历类似，伴随人类有规律地从事农业活动，与建筑相关联的审美意识和设计活动也出现萌芽。新的生活方式大约同时出现在尼罗河沿岸和新月沃地，后者呈弧形分布，从幼发拉底河与底格里斯河三角洲溯流向西，抵达叙利亚，再由叙利亚南湾至地中海东岸。那里出现了西方社会最早的建筑和最初的城市，在历史上一度以富饶繁荣著称。在这些古老的土地上定居下来的人们，开始筑起了神庙和王宫，建筑装饰图案也由此起源，并得到快速发展。

2. 夏商时期

夏商时的社会制度为奴隶制，社会财富归奴隶主所有，奴隶主有条件和能力集中大量的人力、物力修建宫殿。这一时期的生产力较原始社会有了很大发展，熟练的制陶及青铜加工技术对建筑装饰的发展起到促进作用。

从一些古代文献的描述中，如"夏桀筑寝宫（修建宫殿），饰（装修）瑶台（高筑的楼台），作琼室（建美丽的房间），立玉门（竖立起玉做的门）"，可看出当时宫殿装饰的威严、宏伟和华丽。

随着象形文字和青铜工艺的发展，动物纹样（龙纹、凤纹、饕餮纹等）与几何纹样（云纹、雷纹、漩涡纹、绳纹等）逐渐丰富。例如，殷商出土的"带有云雷纹样的"建筑构件是目前发现最早的建筑装饰图案实物，其基本特征是由连续的"回"字形线条所构成。有的作圆形的连续构图，称为"云纹"；有的作方形的连续构图，称为"雷纹"。

知识拓展

云雷纹：云雷纹有拍印、压印、刻画、彩绘等表现技法，在构图上通常以四方连续或二方连续式展开，如图1-7所示。云雷纹出现在新石器时代晚期，可能从漩涡纹发展而来。商代晚期云雷纹已经比较少见，但在商代白陶器和商周印纹硬陶、原始青瓷上，云雷纹仍是主要纹饰。商周时代云雷纹大量出现在青铜器上，多作衬托主纹的地纹。到了汉代，随着青铜器的衰退，陶瓷器上的云雷纹也消失了。

兽面纹：青铜器上常见的纹饰之一，最早见于长江中下游地区良渚文化的陶器和玉器上，盛行于商代至西周早期，如图1-8所示。

图1-7　云雷纹

图1-8　动物类纹样

兽面纹是古人融合了自然界各种猛兽的样貌，加以自己想象而形成的，纹样多以兽首造型出现。兽面巨大而夸张，装饰性很强，很少出现躯干、兽足，因此学术界称之为"兽面纹"，"饕餮纹"为后人的附会称呼。

关于兽面纹的来源有很多种说法，普遍认为它是中国古代神话中四大凶兽之一，四大凶兽是中国神话传说中上古时代的舜帝流放到四方的四个凶神，民间较为流行的说法是混沌、穷奇、梼杌、饕餮。在民族学理论中，四凶的本质是四个首长，他们不服舜帝统治，就被舜帝流放，四凶兽可能就是这四个部落的图腾。还有一种说法是，传说黄帝战胜蚩尤，蚩尤被斩，其首落地化为饕餮。《山海经·北山经》记载："钩吾之山其上多玉，其下多铜。有兽焉，其状如羊身人面，其目在腋下，虎齿人爪，其音如婴儿，食人，名曰狍鸮。"晋代郭璞注解，此处的"狍鸮"即饕餮，如图1-9所示。饕餮是传说中极为贪食的恶兽，贪吃到连自己的身体都能吃光，所以其形一般都有头无身。

奴隶主将恐怖狰狞的兽纹铸于青铜器上并不是为了恐吓奴隶，而是为了与神灵对话。当时生产力水平低下，科学技术极不发达，人们把许多无法解释的现象都归结为神的力量，对神灵充满敬畏，他们乞求神灵，取悦神灵，希望借助神灵达成心愿。

图1-9 饕餮纹

3. 周代

东周时期，瓦当、兽头排水口等是将装饰造型、图案直接运用于建筑构件的典型实例，其构图对称工整，线条柔和疏朗，装饰性强。

西周的建筑与装饰风格沿袭商代，呈现疏朗、柔和的特点，增加了写实成分。周代将镶嵌技术运用于青铜装饰，器形造型多变，纹饰繁缛、绚烂多彩。审美功能被强调、突出，实用功能被削弱。西周建筑技术进步很大，开始用瓦盖屋顶，西周中晚期的宫室建筑，有的附有回廊，屋顶用大量的板瓦、筒瓦覆盖。

1.2.2 秦汉、魏晋南北朝、隋唐时期

1. 秦汉时期

封建社会生产力水平的大幅度提高，使礼制思想和等级制度不断强化，进而促使建筑装饰图案的层次和形式愈加丰富。秦汉时期砖瓦制作技术已成熟，瓦当、画像砖、画像石等集写实与想象于一体，图案内容有动植物、人物、建筑等。

汉代开始将装饰图案大量用于建筑各部位，如斗拱、栏杆、窗、脊饰、天花等，绘画、雕刻、文字艺术手法被广泛应用于建筑装饰图案的设计。西汉时形成了以"秦砖汉瓦"和木结构为主的完整的建筑结构体系，史称"土木之功"。

从建筑结构分析，秦汉时期是中国木构技术的成熟期，此时期建筑风格古朴凝重，是中国建筑的古风时期，此时可以建造各种复杂的建筑物，大量使用成组斗拱。秦砖、汉瓦雕琢精美，很多植物类题材被运用于建筑装饰图案中，题材大多表现世俗生活的人与事。

"秦砖汉瓦"体现了秦汉时期建筑装饰的辉煌。汉代瓦当以动物装饰最为优秀，除了造型完美的青龙、白虎、朱雀、玄武四神兽以外，还有兔、鹿、牛、马等多种造型；秦代瓦当以莲纹、葵纹、云纹居多。秦宫遗址出土的巨型瓦当饰以动物变形图案，与铜器、玉器风格相近。

汉画像石绝大多数应用于丧葬礼制性建筑中，因此，汉画像石本质上是一种祭祀性丧葬艺术。画像石不仅是汉代以前艺术发展的巅峰，而且对汉代以后的美术也产生了深远的影响，在中国美术史上具有举足轻重的地位。图1-10和图1-11所示为山东嘉祥的武梁祠复原图。

图1-10　山东嘉祥的武梁祠复原图（局部1）

图1-11　山东嘉祥的武梁祠复原图（局部2）

2. 魏晋南北朝时期

魏晋南北朝时期，佛教的传入，带来了印度、中亚一带的雕刻、绘画艺术，促进了佛教建筑的发展，随之出现高层佛塔。图 1-12 所示为西晋时期的越窑青釉瓷堆塑罐，由此可以看出当时文化的融合及其带来的建筑装饰样式的变化。

魏晋南北朝时期，佛教题材的壁画非常盛行，在装饰上，图案中融入了佛教的莲花、忍冬草纹、宝相花、卷草、联珠、缠枝纹、火焰纹、如意纹、飞天等新的内容和形式，而汉代时常见的世俗生活的人、事纹样则较少出现。

图1-12 越窑青釉瓷堆塑罐

此外，佛教文化也对本土的建筑艺术产生了影响，改变了汉代质朴、硬朗的建筑风格，使建筑造型变得更为成熟、饱满。在技术上，吸取了波斯的琉璃工艺，将琉璃材质运用于建筑，如图1-13所示。

图1-13 琉璃建筑装饰

佛教在中国得到广泛传播，宗教题材的建筑装饰图案大量运用于石窟、佛寺、佛塔建筑，形成了外来文化与本土文化相结合的装饰风格。

秦汉时期，瓦当使用十分盛行。战国与秦汉时，常将瓦当直接扣挡于椽头，以保护椽子。秦以云纹、葵纹、网纹等为主题的瓦当较为流行，汉代出现了文字瓦当与四神瓦当（见图1-14），魏晋南北朝时期瓦当装饰多为佛教装饰。当时的主流纹样分为以下几类：① 莲花纹代表净土。莲的花心更是象征着强大的繁衍能力，这些都与人类对繁衍生息、多子多福的美好憧憬有关。② 忍冬纹象征益寿。忍冬为一种蔓生植物，俗称"金银花""金银藤"，通称"卷草"，其花长瓣垂须，黄白各半，故名金银花。因凌冬不凋，故又有"忍冬"之称。③ 火焰纹代表正义和兴旺。④ 如意有三种说法。第一种说法是兵器，相传如意有辟邪的效果。"如意，黄帝所制，战蚩尤之兵器也。后世改为骨朵，以辟众魔。"第二种说法，如意是古时民间用以搔痒的工具，始于战国，称"搔杖"。柄端作手指形，用以搔痒，可如人意，因而得名。第三种说法，如意柄端作"心"字形，和尚讲经时，记经文于如意上，以免遗忘，象征佛法无边。

图1-14　瓦当

知识拓展

　瓦当：战国时期，瓦当是半圆形的，到秦代，瓦当由半圆形发展为圆形。到了汉代，瓦当制作非常兴盛，著名的宫室建筑，大多有烧制砖瓦的陶窑。从装饰形式看，汉代瓦当主要分为以下几类。

　（1）卷云纹瓦当，这种瓦当的图案一般将圆形四等分，每一等分用卷云纹装饰。其变化较多，或四面对称，中间以直线相隔，形成曲线与直线的对比；或作同向旋转，富有节奏感。

　（2）动物纹瓦当，这种瓦当主要饰有鹿纹、鱼纹、燕纹等。

　（3）四神纹瓦当，这种瓦当上饰有四神纹，即青龙、白虎、朱雀和玄武。汉代时，人们认为四神具有辟邪致富的精神功能，汉代四神瓦当，在圆形构图中表现四神动物形象，非常生动自然、刚健有力，是图案设计中的精品。

（4）文字类瓦当。这种瓦当巧妙地用文字作为装饰，极具图案之美，文字也大多是一些吉祥语，如"千秋万岁""大吉富贵"等。这种用文字作为装饰内容的表现手法，集中地体现出汉代装饰的特色。

3. 隋唐时期

隋唐时期，对外文化交流频繁。宫殿建筑雄浑豪健，装饰雍容华贵；民间建筑装饰质朴、实用、肃静、自然。

隋唐时期封建社会进入了鼎盛时期，汉族建筑艺术得到了空前发展。隋唐长安城遗址、敦煌石窟和佛光寺大殿等建筑实物彰显出盛世、舒展而不张扬、古朴却富有活力、兼容并蓄的建筑装饰风格。石刻和壁画图案运用的技术进一步成熟。建筑中，木构件本身充当了装饰的主角，斗拱、梁、枋、柱、天花装饰恰到好处，脊饰、台基、栏杆、门窗配置得宜，如图1-15所示。

图1-15　木结构建筑

隋唐时期可谓莫高窟石窟艺术集大成的关键时期，是承上启下时期，上继承北朝乃至上古三代之遗风，下开启晚唐五代之新风。莫高窟不仅向世人展示了雍容华贵的绚丽图案，也证明了中华文化艺术之鼎盛。

由于统治者的重视，很多文人也参与到壁画创作中，阎立本、吴道子、王维等都曾在宫殿、寺庙中作画，这一时期，壁画装饰被推到一个前所未有的艺术高度。精美的壁画装饰是唐代墙面装饰最显著的标志。例如，敦煌莫高窟藻井图案形式多样、内容丰富、色彩艳丽，正所谓"窟窟有匠意，壁壁有创新"。藻井图案指的是"井状天花板"上的彩绘图案，如图1-16所示。

图1-16　藻井图案

1.2.3　宋、元、明、清时期

1. 宋元时期

宋元时期，建筑发展处于古代建筑的"醇和时期"，其特点是细节精美。宋元时期的建筑规模比唐朝小，但建筑形式比唐朝更为秀丽、绚烂，其布局富于变化，讲求错落有致。建筑结构和装饰有很高的艺术价值。例如，在彩画中，一朵花的每个花瓣都要经过由浅到深、四层晕染才算完成，雕一朵花，花瓣造型极尽变化，生动活泼。

宋元时期的建筑从室外到室内，都与唐朝有显著不同，在前代建筑技巧娴熟的基础上，着力于建筑细部的刻画。例如，① 宋代建筑装饰图案较唐代更柔和、典雅、秀美，图案的宗教成分减少，写实题材（如花鸟等）大量出现。② 建筑彩画使用频繁，运用退晕、对晕等表现手法，并多用花草、如意、织锦等纹样，对明清彩画产生了重要的影响。③ 建筑构件装饰图案强调由构件本身组成几何纹饰。④ 宋代石雕技术发展迅速并趋于成熟，例如，将剔地起凸、压地隐起、减地平级等多种技法运用于墙面及其他建筑部位的装饰上①。

建筑构件装饰图案一般是由构件本身所组成的几何纹饰，如图 1-17 所示。

石刻拱券门、喇嘛塔等对明清时代官式建筑装饰影响较大，砖砌拱券技术和花饰得到进一步发展。宋代的建筑彩画用色更加丰富，由唐代的"朱白色调"转为以"青绿色调"为主，在描绘技法上使用"退晕"，以提高装饰层次感和表现力，如图 1-18 所示。

---

① 剔地起凸指高浮雕，压地隐起指浅浮雕，减地平级是一种阴刻形式。

图1-17　建筑构件装饰图案

2. 明清时代

明清建筑达到了中国传统建筑最后一个高峰，官式建筑定型化、标准化，总体呈现出形体简练、细节烦琐的特点。建筑突出梁、柱、檩的直接结合，减少斗拱的中间层次作用，出檐深度减少，这样就简化了结构，节省了木材，同时还获得了更大的建筑空间。因此，斗拱逐渐演化为装饰构件，在民间建筑中演变为多种形式。

图1-18　宋元时期的绘画图案

这一时期，装饰图案更趋于柔和、细密，风格与形式更富于变化。私家园林的成熟促进了装饰图案的创新，磨砖、砖砌、木窗格、栏杆等形式更加丰富。此外，琉璃技术得到较大发展，与之密切相关的装饰图案色彩也更加华丽。

装饰图案体系呈现出两极分化的局面，一方面，官式建筑进一步被森严的等级制度所左右，更加繁密、复杂且程式固定，甚至出现了僵化和呆板的倾向；另一方面，民间建筑装饰则趋于自由活跃，题材广泛且形式、纹样多变。

清代官式建筑融合了藏、蒙等少数民族建筑风格，给装饰带来了新变化，如图1-19和图1-20所示。清代晚期，西洋建筑图案得到运用，为中国几千年的建筑装饰发展注入了新元素。

屋顶的柔和线条消失，呈现拘束但稳重、严谨的风格，符号性增强。彩绘装饰发展到明清时期定型，并发展到极致。

图1-19　故宫屋顶设计

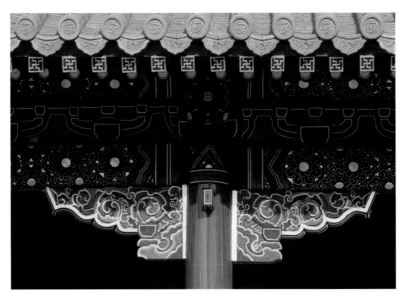

图1-20　故宫彩绘装饰

本章小结

中国古代建筑装饰图案在一个以汉族文化为基本背景的系统中运行，形成了代代相承的脉络，又不断受到外来文化的影响，不断丰富充实、变化发展，大致形成了一个朴实淳厚（新石器时代）—神秘威严（夏商周）—写实精练（秦汉）—雄伟豪放（隋唐）—典雅柔美（宋元）—纤细繁密（明清）的建筑装饰图案风格演变过程。

思考练习题

1. 建筑图案的概念是什么？它对建筑有何作用？
2. 在当代生活方式下，建筑图案呈现出哪些特点？
3. 我们生活中的建筑图案对清代的建筑图案有继承性吗？

第2章

建筑的特点

北京是世界上拥有文化遗产数目最多的城市，古建筑遗迹多达上百处。在诸多的古建筑中，有一座极为特别的建筑，它是王权天赐的象征，是古代中国人宇宙观的集中体现，它就是天坛（见图2-1）。天坛位于北京城南的中轴线东侧，占地面积达273万平方米，是故宫的3倍有余。在如此大的建筑里却只有寥寥几处建筑物置身其中，让人有种空旷浩荡的感觉，其中有一处人们非常熟悉的建筑，那就是位于建筑群中心位置的祈年殿（见图2-2）。这座圆形大殿建筑在众多中国古建筑中显得卓尔不群，三层蓝色琉璃瓦顶作为建筑屋顶，象征至高无上的"天"。从象征意义到实际功能，以祈年殿为代表的封建礼制建筑构成了中国传统文化的基本框架，影响着我们生活的方方面面。

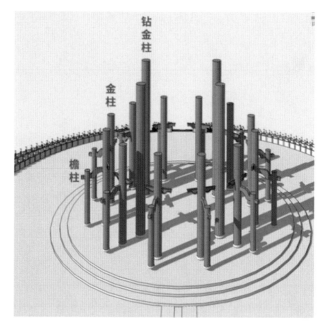

图2-1　天坛木架构

图2-2　祈年殿

2.1　时代特征与地域特点

　　中国传统建筑装饰受各历史时期的生产力、社会状况、生活方式及科学技术等多种条件影响，不可避免地被打上了时代的烙印，折射出特定时间的地域、技术及艺术风貌，成为时代发展的见证者。

　　中国5000年文明史，朝代更迭频繁，战乱不断，建筑屡建屡毁，加之新建朝代常因"铲王气"而故意破坏前朝的宫廷建筑，促使建筑装饰图案翻新求变。汉唐时期传入的西域及佛教文化以及元、清两朝的少数民族的统治，也促进了建筑装饰图案的多样化发展。

　　中国疆域辽阔，民族众多，各地区之间自然条件、材料特性、建筑结构、乡土资源和生活习惯存在较大差异；每个民族的文化传承、生活习俗、宗教信仰、审美观念均有不同，这些差异反映在装饰上，形成了鲜明的地域特色。从地域上看，北方的装饰比较朴实，彩画、砖雕成就较高；南方的装饰手法细致而丰富，砖、木、石雕都有很高成就。从民族特色上看，不同民族的建筑装饰特色鲜明，藏族用色大胆，追求对比效果，镏金、彩绘很有特色；维吾尔族在木雕、石膏花饰和琉璃面砖方面成就较大；回族则重视砖、木雕刻和彩画。

　　中国古典建筑主要分为官式建筑和民居建筑两大类别。官式建筑作为王权、实力的象征，在形制、设计方法、装饰手段上存在很多共性；民居建筑适用于普通百姓，要适应不同地区、生活方式的要求，风格迥异。

　　官式建筑也称为宫殿式建筑，包括帝王宫殿、官衙建筑等，一些佛寺和道观也常采用这类建筑。历代帝王登基后都要大兴土木，营造宫殿，以表明其统治具有至高无上的权威和长治久安的实力，所以宫殿建筑一般都是不同时代建筑的最高典范。

　　从大的形制上分析，中国五大特色古典民居建筑为四合院式建筑、客家围龙屋式建筑（广东、福建）、窑洞式建筑（陕西）、干栏式建筑（广西）和一颗印式建筑（云南），它们被认为是"中国最具乡土风情的五大传统住宅建筑形式"，也被学术界誉为"中国民居建筑的五大特色"。本小节主要介绍除干栏式建筑之外的其他四种建筑形式。

2.1.1　四合院式建筑

　　合院式建筑多为四合院，是我国汉族主要的传统住宅形式，"四"代表东、南、西、北四面（方），"合"是合在一起，组成一个"口"字形。北京四合院是建制较为完整、规范、典型的合院形式，它形成了以家庭院落为中心，邻里街坊为干线，社区地域为平面的社会网络系统。

　　北京四合院庄重、大方、素雅，色调沉着稳重。传统的北京四合院通常是依东西向的胡同而建，坐北朝南，街门（大门）辟于宅院东南角，中间为庭院，是居住者穿行、纳凉、休息、家务劳动的场所，如图2-3所示。

图2-3　北京四合院

　　四合院有以下几个特点。

　　（1）规模不一。合院式建筑有各种不同的规模，但不论大小，都是由一个个四面房屋围合庭院组成的。其院落可划分为一进院落、二进院落、三进院落、纵向复合型院落、并列式院落、主院带花园式院落等多种形式。通常在大宅院中，第一进为门屋，第二进为厅堂，第二进或后进为私室或闺房，是妇女或眷属的活动空间，一般人不得随意进入。图2-4所示为典型的四合院布局。

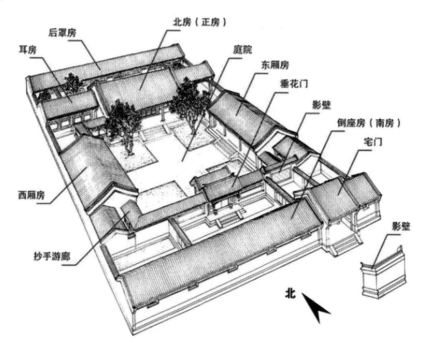

图2-4　四合院布局

（2）外观规矩，中线对称。四合院的典型特征是外观规矩，中线对称，组合多变。四合院往大了扩，就是王府、皇宫；往小了缩，就是平民百姓的住宅，辉煌的故宫与郊外普通乡民的家宅都是四合院形制。

（3）院落封闭私密。四合院四面房屋虽各自独立，却又有游廊彼此连接，生活十分方便。封闭式的住宅使四合院具有较强的私密性，关起门来自成天地；四面房门都面向院落，一家人和美相亲，其乐融融。宽敞的院落可植树栽花、养鸟养鱼、叠石造景，享受大自然的美好。

（4）宗族观念。四合院的布局、房间分配等体现出尊卑有别的等级观念。其居住按照"北屋为尊，两厢次之，倒座为宾，杂屋为附"的位置安排。长者住北房（上房），中间为大客厅（中堂间）；长子住东厢房，次子住西厢房，女儿住后院；佣人住倒座，各不影响，是"父慈子孝、夫唱妇随、事兄以悌、朋交以义"的人生道德伦理观念的体现。

合院作为北方最具代表性的传统建筑形式，为木构架、灰瓦顶，砖或砖土混合的墙体，具有较好的抗寒、保暖性能。室内墙面多以白灰抹面，洁白素雅；室外墙面多为青砖，用白灰或青灰勾缝，虽不华丽，但雅致干净。包框墙形式用于山墙、后檐墙、影壁墙、迎门墙等部位。壁心多以素砖砌筑、粉刷或抹白灰等，土坯墙壁心通常抹白灰处理。影壁墙和迎门墙的壁心是装饰的重点部位。室内地面多为青砖墁地，经济条件较差的用三合土夯地。院落地面也多用砖墁，对门之间有砖道相通。

2.1.2 客家围龙屋式建筑

围龙屋式建筑始于唐宋，盛行于明清，采用中原汉族建筑工艺中最先进的抬梁式与穿斗式相结合的建造方式，选择丘陵地带或斜坡地段建宅，多为"一进三厅两厢一围"的主体结构。一个围龙屋式建筑就是一座客家人的堡垒，建筑内分别建有多间卧室、厨房、大小厅堂，以及水井、猪圈、鸡窝、厕所、仓库等生活设施，其中居民形成一个自给自足、自得其乐的社会小群体，如图2-5所示。围龙屋式建筑是客家建筑文化的集中体现，也是广东、福建、台湾等地传统民居建筑的一个重要流派。

图2-5　围龙屋建筑

形成围龙屋的建筑格局是因为客家人不论是在长途跋涉的迁徙过程中，还是新到一处人生地不熟的栖居地，依靠单一家庭都难以克服困难，而本姓、本族人聚居在一起就可以得到解决，所以一般一座围龙屋聚居着一个近亲家庭，相互之间和睦共处。逢年过节，男女老少齐集正屋上厅祭拜祖宗，在正中大门前的禾坪上舞龙舞狮，敲锣打鼓，呈现出一派喜悦、祥和的景象，如图2-6所示。

图2-6 围龙屋习俗

土围楼与围龙屋的区别：

（1）土围楼在居住方面突出家族的平等关系；而围龙屋却是尊卑有序、等级分明。

（2）土围楼为全封闭结构，突出防御功能；围龙屋是四通八达开放式的，淡化防御功能，突出了祠堂的功能。

（3）土围楼是闽南福佬人和闽西客家人都有的民居形式；围龙屋是客家人特有的民居，被国际建筑学界公认为"中国五大传统民居"之一。

2.1.3　一颗印式建筑

一颗印式建筑的基本规则为"三间两耳倒八尺"。它由正房、厢房、倒座和入口门墙围合而成，方正如"印"，故称"一颗印式建筑"，如图2-7和图2-8所示。

图2-7　一颗印式建筑(1)

图2-8　一颗印式建筑(2)

　　一颗印式建筑也称"窨子屋"，相传是由汉、彝先民共同创造，在陕西、安徽、云南等地都有使用。这种民居在山区、平原、城镇、村寨都可修建，可单幢，也可联幢，可豪华，也可简朴。目前一颗印式建筑在云南滇池地区仍是比较普遍的平民住宅，也是中国传统民居建筑形式之一。云南多为高原山地，平地面积小，原住民多生活在山地，为节省用地，搭建相对小巧的一颗印式住宅较为适合。同时，此地四季如春，无严寒，多风且潮湿，为调整房间湿度和温度，选择楼宇式、小天井、高墙型小窗（挡风沙和防火）的"一颗印"住宅方式较为适合。

一幢独体的"一颗印"住宅，独门独户、体量不大、空间紧凑、高墙小窗、小巧灵便、无固定朝向，可随山坡走向形成无规则的散点布置。"一颗印"住宅都具有浓浓的乡土气息，反映了当地居民的文化习俗，是云南多民族文化与传统习俗相互碰撞的产物。

一颗印式建筑多为坐北朝南，穿斗式构架，外包土墙或土坯墙。宅门处一般设立五级台阶，且建得一级比一级宽，一步比一步高，取"步步高升"之意。大门一般开在正房对面的中轴线上，设倒座或门廊，一般无侧门或后门，大门影壁上常有色彩斑斓的绘画，如大禽猛兽、松菊梅兰等，有的在大门入口处设有四扇活动的格扇门，组合成一道木屏风，平时关闭，人从两侧绕行，每逢喜庆节日便打开屏风，迎客入门，使倒座、天井、堂屋变为一个宽敞的大空间，正房、耳房毗连，正房多为三开间，两边为耳房。其中，左、右各一间耳房，称"三间两耳"；左、右各两间耳房，称"三间四耳"，"三间四耳倒八尺"是一颗印式建筑最典型的格局。

2.1.4 窑洞式建筑

窑洞是中国西北黄土高原上特有的汉族民居形式，远在4000多年前，山西、陕西、河南、河北、内蒙古、甘肃以及宁夏等地区的先民就有挖穴而居的习俗，渐渐形成窑洞式的居住方式。

如图2-9所示，窑洞一般依山而建，在天然土壁上水平向内凿土挖洞，施工简便、造价低廉、便于自建。高原上的黄土黏、硬，不易塌陷，坚固耐用，保温隔热，冬暖夏凉，有利于节约能源。窑洞在建筑学上属于生土建筑，其特点是人与自然和睦相处、共生。直至今天，其艺术特色无论从宏观的窑洞聚落整合美到微观的细部装饰美都体现出独特风貌。

图2-9 窑洞式建筑

窑洞村落充满田园风光的情趣，在苍凉和壮阔的背景中化呆板、单调为神奇，或以院落为单元，或以成排连成线，随山的走势，成群、成堆、成线地镶嵌于山间。在构图上形成台阶型空间，具有层次感，给人以雄浑、壮美的美感。窑洞按照建造材料可分为土窑洞（直接挖土形成的窑洞）、石窑洞（将土窑洞用石头加固）、砖窑洞（将土窑洞用砖加固）；按照建筑形式可分为土基子窑洞、接口子窑洞（也称砖、石面窑，是两类的混合，在土洞的前方用砖、石扩建出屋室）。

窑洞一般高 3 ～ 4 米，宽 3.3 ～ 3.7 米，洞口均朝阳，传统窑洞空间从外观上看是圆拱形，门为弧形，上面有镂空的格子窗。形式虽然简单，如图2-10所示，但在单调的黄土背景下，圆弧形更显得轻巧而活泼。这种形式，不仅体现出传统思想中"天圆地方"的理念，更重要的是，门洞处高高的圆拱加上高窗，在冬季可以使阳光进一步照到窑洞内部，充分利用太阳的热能。内部通常也为拱形，加大了内部的立体空间，感觉更加宽敞、舒适。窑洞冬暖夏凉，住着舒适、节能，在人工空间中渗透出自然的和谐，门窗上面贴有剪纸。

图2-10　窑洞门窗

2.2 色彩设计特点

建筑色彩设计是在建筑类型、功能、风格，以及建筑所处的自然环境、人文环境、审美等因素的制约下展开的有目的的设计。古建筑色彩具有程式化特征，尊崇"五方正色"，即以白、黑、红、黄、青五色作为建筑的主要用色，"五色体系"的主观色彩认知与程式化的设计方法使色彩具有装饰美和文化内涵，形成独特的风格特征。

古建筑色彩组合非常丰富，有的色调鲜明，对比强烈；有的和谐淡雅，自然淳朴。一般宫殿、坛庙、寺庙、道观等建筑物多使用对比强烈、色调鲜明的色彩，通过华贵的色彩使人对神圣的皇权与神权肃然起敬，顶礼膜拜。

红墙黄瓦（或其他颜色的瓦）衬托着绿树、蓝天，再加上檐下的金碧彩画，使整个古建筑分外绚丽。朴素淡雅的色调也在中国古建筑中占据重要地位，如江南民居和一些园林、寺庙、道观，粉墙黛瓦掩映在丛林翠竹、青山绿水之间，显得清新秀丽，素雅的色彩使人气定神闲，欲归隐山水田园，超然于天地之间。

北方山区民居的土墙、青瓦或石板瓦也带给人以恬静安适之感。有些皇家建筑也追求朴素淡雅的山林趣味，如承德避暑山庄就是突出的例子。

经过长期的实践，中国建筑在色彩运用方面积累了丰富的经验，形成了南北不同的地域色彩风格。北方建筑善于运用色彩对比，具有鲜明、活泼的特点。房屋的主体部分经常受到阳光照射，因此一般选用暖色调，特别是朱红色，显得富丽堂皇，如图2-11所示。房檐下的阴影部分，则选取蓝绿相配的冷色调，阳光的温暖和阴影的阴凉，形成一种赏心悦目的对比。朱红色的门窗、檐下青绿彩画往往施加金线、金点以及点缀少数红点，这样图案显得更加活泼，增强了装饰效果。建筑色彩风格的形成与北方的自然环境有关，平坦广阔的平原，冬季景物的色彩非常单调，在这样的背景下，色彩组合使建筑物变得活泼、富有生趣，如同京剧舞台上的戏装，华丽而生动。

图2-11 故宫

南方山清水秀，终年青绿，四季花开，自然环境良好，色彩丰富。为了使建筑色彩与自然环境相调和，往往选择较为淡雅的色调，多用白墙、灰瓦和栗、墨、绿等色的梁柱，以形成秀丽、优雅的格调，能够让人在炎热的夏季产生清凉、放松的感受，如图2-12所示。

图2-12 徽派建筑

琉璃瓦是一种坚固的建筑材料，防水性能强，从陶瓷发展而来。琉璃瓦色泽明艳，颜色丰富，有黄、绿、蓝、紫、黑、白、红等多种颜色，一般以黄、绿、蓝三色最为常见，其中以黄色最为尊贵，只用于皇宫、坛庙等主要建筑上，如图2-13所示。即便是在皇宫，也只是主要的建筑应用黄色琉璃瓦，次要的建筑用蓝色、绿色或绿色"剪边"（镶边）琉璃瓦。王府和寺庙、道观一般不能使用全黄琉璃瓦，后来雍正皇帝特准孔庙可以使用全黄琉璃瓦，以示对儒学的尊重。琉璃瓦件一般可分为：筒瓦、板瓦（铺盖屋顶），脊饰，琉璃砖（用来砌筑墙面和其他部位的）和琉璃贴面花饰（不同装饰纹样）四大类。

图2-13　琉璃瓦

2.3 人文理念特点

中国古建筑的整体风格具有温和、实用、平缓、轻捷等特征，表现入世的生活气息，更关注于使用者的感受，追求"人本主义"。

中国传统建筑装饰具有独特的寓意性和寓意美。装饰中很多图案和造型采用传统文化中人们喜闻乐见的祥禽瑞兽、奇花异草、神佛宝物，起到驱邪避祸、纳福迎祥的作用；大量运用"谐音寓意"手法，通过特定的形象组合传达吉祥的寓意，寄托了屋主家宅平安、风调雨顺、繁荣昌盛的愿望。

建筑装饰图案题材如下所示。

龙、凤代表尊贵，狮、虎代表威严，龟、鹤表示长寿，松、竹、梅代表高洁，缠枝象征绵延发展，钱纹表示富有，云纹表示祥和等。

大量图案运用"谐音寓意"手法。例如，砖雕、木雕中的"平（瓶）升（生）三级（戟）""福（蝠）寿（桃）双全（双钱）""六合（鹿鹤）同春"等图案。

建筑装饰色彩也同样具有寓意性。例如，宫殿金黄色琉璃瓦寓意皇权，天坛祈年殿的青瓦象征青天，故宫文渊阁（藏书楼）的黑瓦代表五行中的"水"，有克火、避免火灾的寓意等。

2.3.1 幻想与写意

从宏观上看，中国建筑装饰图案具有中国画的特点，注重有意境的场景，并不把单座建筑的体量、造型和透视效果放到首位，而是将一座座建筑作为单元，在平面和空间上延伸出群体效果，关注人在建筑中"移步换景"的空间感受。

中国人更重视人的内心世界对外界事物的领悟和把握，具有很强的写意性，是一种情感的概括与感悟，努力实现将有形的"实景"与它所象征的无限"虚景"相结合，追求"得意忘象"的意境。中国人讲究的逼真、论证，都是以写意为前提的，认为"形似逊于神似"。

西方注重理想，西方建筑装饰在造型方面具有雕塑化特点，着力处理两维的立面与三维的形体，重视建筑的整体与局部、局部与局部之间的比例、节奏、韵律等形式美的体现，因此西方建筑的理想性主要体现"实"。西方注重模仿，亚里士多德认为，艺术起源于模仿，艺术是模仿的产物，古希腊建筑中的三大柱式就是根据人体美演化而来，西方人较为重视逻辑、推理与论证，注重几何分析，其特征可归结为理性与抗争精神、个体与主体意识、天国与宗教理念。

图 2-14 所示是上海豫园与意大利圣母百花大教堂。

（a）　　　　　　　　　　　　（b）

图2-14　上海豫园与意大利圣母百花大教堂

2.3.2 礼乐与等级

中国文化，非常重视礼乐。"礼"是指各种礼节规范，引申为社会的伦理标准；"乐"包括音乐和舞蹈，引申为社会的情感标准。"礼乐相济"是中国理性精神的表现形态。中国建筑的艺术感染力就是在理性（礼）的基础上所散发出的浪漫情调（乐），它所体现与蕴含的是中国建筑的诗意美，这一点与中国人"思方行圆"的处事方式相似。

历代对于建筑装饰图案的采用都有明文规定，运用时不得随意僭越，这也是统治阶级政治、精神控制的需要。《大清会典》中说"亲王府制绘金云雕龙有禁，凡正门殿寝均覆绿琉璃脊，安吻兽、门柱丹护，饰以五彩金云龙纹，禁雕龙首，余各有禁，逾制者罪之"。由此可见，建筑装饰图案不仅是艺术作品，更是封建社会尊卑上下、主从秩序的体现。建筑布局方式遵循传统"礼"的规范，居住方式也体现出"礼"的观念。

其实，建筑等级是一个非常复杂的课题，在不同的朝代，不同建筑功能、具体执行等都有所不同，即便是皇帝，其就寝、上朝的地方建筑等级也不完全相同；后宫皇后、妃嫔等的建筑级别也不一样。

不同时代的礼制有不同的规定，包括所用的材料、颜色、花纹，以及具体的长度、宽度、高度等详细数字，在此我们不去探讨太多此类问题，但是大家应该知道中国古典建筑是等级森严的。

中国古典建筑除了等级森严之外，也体现出了严格的伦理性，集中反映出中国文化的特质。以儒家学说为中心的中国传统文化强调的、三纲五常、社会阶级高下等伦理道德观念均在建筑和建筑装饰图案上有所体现。

在儒家的伦理纲常、道家的清净超脱、佛家的行善积德"三教合流"的文化思想指导下，中国传统建筑装饰图案成为一部视觉形象的"教育读本"。"仁义礼智信""天地君亲师""天人合一""因果报应"，这些传统文化思想和观念通过日常生活中随处可见的装饰，利用艺术审美的形式，世世代代、潜移默化地影响了中国人对社会、对人生的认识。

2.3.3 封闭与内向

中国一些较大的宅院喜欢把后花园模拟成自然山水，用建筑和院墙加以围合，三五亭台，假山错落，显然有将自然统揽于内的倾向。这是中国人对内平和自守，对外防范求安的防守性、内向抑制性的文化心态在建筑上的体现。

中国古人的园林造景或偏爱的自然美景一般都清高隐逸、避世绝俗，体现了长期生活在农业社会的国人对自然环境的悠远情谊和守土重农的田园意识。在建筑整体布局、空间设置、功能划分等方面，也比较注重别人与本体"安其居，互不相犯"的内在要求，以满足人们和谐相安的心理需要，也与"外求自保，内得心安"的品性修养相得益彰。

西方建筑则强调以外部空间为主，注重将"室内"转化为"室外"。因此，西方建筑是院在外、房在内，中国建筑则是院在内、房在外。西方古典园林设计在布局、构图及意境等方面，都给人以眼界开阔、构思宏伟、手法复杂、情调浪漫之感，且其常用的几何式园林体现出"天人对立"的思维习惯与精神理念，反映出西方人征服自然的外向、进取的思想观念与价值取向。中式园林与西式园林示例如图2-15所示。

图2-15 中式园林与西式园林

2.3.4　群体整体美

中国建筑尤其是院落式建筑注重群体组合，"院"通常是组合体的基本单位，这与中国传统文化中强调群体而抑制个性发展是有关系的。中国传统建筑整体布局为平面方形，单体建筑体量并不巨大，也不高耸，但多个建筑构成的建筑群以平面展开，体现了恢宏广阔的气势，也便于在布局上产生丰富的变化。

知识拓展

西方更关注单体建筑的建造，表现个性的张扬和人格的独立，认为个体突出的建筑才是不朽与传世之作。像科隆大教堂、万神庙、埃菲尔铁塔、约翰·汉考克大厦等，都是这一哲学和文化理念的典型体现，那些卓然独立、各具风采的建筑给人以突出、激越、向上的震撼力量与感染力。

科隆大教堂：科隆大教堂是哥特式宗教建筑艺术的典范。它为罕见的五进建筑，内部空间挑高又加宽，高塔直向苍穹，体现人与上帝沟通的渴望。除两座高塔外，教堂外部还有多座小尖塔烘托。教堂四壁装有描绘圣经人物的彩色玻璃；钟楼上装有5座响钟，最重的达24吨，响钟齐鸣，声音洪亮。第二次世界大战期间，教堂部分遭到破坏，近20年来一直在修复，作为信仰象征和欧洲文化传统见证的科隆大教堂最终得以保存。科隆大教堂是欧洲北部最大的教堂，它以法国兰斯主教堂和亚眠主教堂为范本，是德国第一座完全按照法国哥特盛期样式建造的教堂。

2.3.5　静态与含蓄

中国园林里的水池、河渠一般都呈婉约纤丽之态、微波弱澜之势，其布局注重虚实结合，情致强调动静分离，且静多而动少。这种构思和格局适于塑造宽松与疏朗、宁静与幽雅的环境，有利于凸显清逸与自然、变换与协调、寄情于景的人文气质，获得"情与景会，意与象通"的意境。中国强调曲线美与含蓄美，即寓言假物，不取直白。例如，园林的布局、立意、选景等，或追求自然情致，或钟情田园山水，或曲意寄情托志，工于借景以达到含蓄、奥妙、姿态万千的目的；巧用曲线使造景、庭院、居所在个性与整体上互为协调、适宁和恬、相得益彰。

中国建筑宛如中国的山水画，一般都有些许的留白，依靠"知白守黑"达到特定的韵味、灵气与意蕴，表达独特的艺术效果和感染力。"巧于因借，精在体宜"的手法，近似于中国古典诗词的"比兴"或"隐秀"，重词外之情、言外之意，看似漫不经心、行云流水，实则裁夺奇崛、缜密圆融而意蕴深远。 图2-16所示为网师园局部。

图2-16 网师园局部

2.4 工艺美

图案与工艺的关系，实际上是技艺与材质的关系。建筑图案是依附在特定物质材料上的艺术创作，不同特性的材料，其生产与制作工艺过程也不同，因此，它们不可避免地受到工艺材料和生产手段的制约。设计者除了要具备必要的设计能力和审美情感外，还必须具备综合造型能力，把握形式美的基本法则，适度选择材料、工艺，如此才能将设计真正地落实到实际。

图案与工艺的结合过程是技艺与材质协调统一的过程，主要体现在大木作装饰、小木作装饰、砖瓦作装饰、石作装饰、油饰装饰五个方面。

2.4.1 大木作装饰

大木作装饰，是对木结构建筑主要构件的艺术加工。这种艺术加工主要有两种手法：①将柱、梁、枋、斗拱、椽子等构件的端部砍削成缓和的曲线或折线，使构件外形显得丰满柔和。② 将结构构件的端部或其他位置做出造型和图案。例如，清代官式建筑常将梁、枋端做成桃形（桃尖梁）、云形（麻叶头）、拳形（霸王拳），非官式建筑的花样则更多，常常雕成各种植物以及龙、象、狮等兽头。 大木作装饰如图 2-17 所示。

图2-17 大木作装饰

2.4.2　小木作装饰

　　小木作装饰，是对门窗、廊檐、天花及室内分隔构件的艺术处理。重要建筑的大门上常常装饰铜质的门钉、门钹、角叶等；格扇门、窗的棂格也是艺术装饰的重点部位；廊檐、枋下常设雕刻繁复的雀替或楣子、挂落；廊柱下部配以木栏杆，如坐凳栏杆、靠背栏杆等形式小木作。

　　天花板分为海漫、井口、平口和卷棚等多种形式，重要建筑正中设藻井。尊贵建筑中藻井层层收上，用斗拱、天宫楼阁、龙凤等装饰，并贴满金箔，异常富丽。

　　室内分隔构件主要有碧纱橱、罩、博古架、板壁门洞等。室内装饰多用硬木制作，有些雕琢细腻，并镶嵌珠玉、螺钿、金银等，豪华富丽。

　　匾联、楹联也属小木作装饰，且有多种形式。小木作装饰如图 2-18 所示。

图2-18　小木作装饰

2.4.3　砖瓦作装饰

　　砖瓦作装饰，是对屋顶、墙面、地面、台座等砖瓦构件的艺术处理，可分为陶土砖瓦和琉璃砖瓦两大类。屋面是古代建筑重点的装饰部位之一，筒瓦檐端有瓦当，正脊两端设正吻，垂脊、斜脊端部设望兽，地面铺砖，影壁墙、山墙端部和砖墙门窗边框及雨罩常做有细致的砖雕，有些雕出仿木结构形式；建筑的台座多用须弥座。琉璃瓦的装饰手法和形式基本上与陶土砖瓦相似，但是等级更高，艺术效果庄重典雅，不适用于园林和民居。砖瓦作装饰如图 2-19 所示。

图2-19　砖瓦作装饰

2.4.4　石作装饰

　　石作装饰，是对台基、栏杆、踏步和建筑小品等石构件的艺术处理。石雕手法一般有四种，即剔地起凸、压地隐起、减地平口和素平。另外，还有一种平面线刻的做法。

　　石作装饰题材多样，种类繁多，大至宫门前满雕盘龙的华表，小至雕成金钱状的渗水井盖，都表现出独到的美感。石台、石灯、石鼓、石鼎、石炉、石狮、石象等都在建筑设计中发挥了重要装饰作用。图2-20所示是古宅柱础石。

图2-20　古宅柱础石

　　石柱础雕刻，宋元以前比较讲究，有莲瓣、蟠龙等；宋元以后多为素平鼓镜，重要建筑常用雕龙石柱或力士仙人。石栏杆基本是仿木构造式样，宋、清官式建筑均有定型化做法，只在柱头上进行；但园林和民间建筑中石栏杆形式变化多样，不受木结构原型限制。高级建筑踏步中间设御路石，上面雕刻龙、凤、云、水纹，与台基的雕刻合为一体。

2.4.5　油饰装饰

　　油饰装饰，是对木结构表面进行艺术加工的一种重要手段，有个别砖石建筑表面也作油漆彩画。

　　明清以前对木材表面直接处理（打磨、嵌缝、刷胶），只是外刷油漆。清代中期以后普遍用地仗的做法，即用胶合材料加砖灰刮抹在木材外面，重要部位再加麻、布，打磨平滑后刷油漆。油漆的色彩是表示建筑等级的重要手段之一，从周朝开始即有明文规定，在艺术处理上考虑主次、层次搭配，如殿用红柱，廊用绿柱，框用红色，棂用绿色等。彩画是油饰工艺最重要的组成部分，其中，最具代表性的是宋代彩画和清代彩画。

本章小结

　　在中国特有的历史、文化背景和建筑技术的影响下，建筑图案形成了自己独有的结构体系和艺术特征，有其鲜明的外部特性和内在特点。 中国传统建筑装饰图案与中国文化有机地融为一体，既是物质上的美化，也是精神上的彰显，在表达形式美的同时也体现出其深远的文化内涵，这是中国传统建筑装饰的鲜明特点和基本特征。

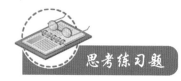

思考练习题

1. 不同时代、社会、政体、生活方式对建筑装饰有什么影响？
2. 古代的建筑都有哪些等级之分？
3. 除东方建筑龙的形象外，西方建筑中有没有龙的形象？

第3章

建筑构件与装饰图案

在中国特有的文化、历史背景和建筑技术的影响下，建筑图案形成了自己独特的结构体系和艺术特征，有其鲜明的外部特性和内在特点。中国在新石器时代的仰韶文化与龙山文化时期，在当时房屋的遗址上，就发现在室内木柱的底部垫有扁平的砾石，这可以说是迄今为止发现最早的石柱础了。它们的作用一是可以使柱子落在比较坚实的石料上，经过柱础将荷载传至地下；二是可以避免土地的潮湿直接侵损木柱。河南安阳是古代商朝的都城所在地，考古学家在这里的宫室遗址上发现了许多房屋的基址上都残留着排列成行的石柱础，这些础石多选用直径为 15～30 厘米的天然卵石，卵石较平的一面朝上承托着木柱。这说明在三千多年以前，中国工匠已经很自觉地在木柱子下面安放石柱础了。秦、汉两代的封建王朝都在各自的都城咸阳、长安建造了庞大的宫殿建筑群，可惜这些建筑大多数已毁损，只能从文献的记述中知道昔日的辉煌。东汉班固在《古都赋》中描绘当时长安汉宫建筑是"雕玉磌以居楹"，张衡在《西京赋》中也有对宫室"雕楹玉碣，绣而云楣"的描绘，这里的"磌"和"碣"都是柱下础石的古称。玉为石中精品，质地坚硬，古代多将平面玉加工为高贵饰物，也将洁白美石称为玉，所以文人笔下的玉镇、玉碣并不是真将玉作础石，而是以此来说明这些宫室柱础石的精美程度。

3.1　户牖装饰及装饰图案

通常建筑都有门与窗，在中国古代，门被称为户，窗被称为牖，门供人出入房屋，牖用以采光与通风。木结构房屋的门与窗通常安装在立柱之间，在合院式建筑中，门窗多集中在屋室面向院子的一面，它们是构成建筑立面的重要结构，也是装饰的重要部位，具有物质功能与审美功能。

3.1.1　门的装饰及装饰图案

门的全称为门户，双扇为门，单扇为户。门主要有遮蔽保护和装饰美化的功能，同时还象征着等级、地位。大门是城垣、院落、宫殿、寺庙和官署等大型建筑的主要出入口，其上构件及装饰比较复杂，要满足多方面的要求。大门门扇坚实厚重，起到屏蔽作用，多为实心板门，厚重庄严。大门的装饰包括门楣、门簪、门铁、门钹、抱鼓石、拴马桩等，如图 3-1 和图 3-2 所示。

门楣是指门户上的横木，也指大门上部到屋檐以下的部位，是大门装饰的重点。豪华的门楣高大，常用大面积砖雕作为装饰，如花卉、博古、人物、动物等，也有用彩画装饰的，较为奢华。朴素的门楣低矮，少装饰或无装饰，直接被屋檐覆盖。古人所说的"光耀门楣"，是将门楣比喻为门第，其不同的装饰方法可以凸显出屋主不同的身份和地位。

门簪是头大尾小的木楔，用来固定中槛与连槛，又称门龙，如图 3-3 和图 3-4 所示。门簪的横断面为圆形、方形、六角形或八角形，有素面涂饰颜色的，也有雕花贴金的。图案常为四时花卉或吉祥文字。门簪色彩大多与门扇形成鲜明的对比，装饰效果醒目突出。门的等级不同，上面所设的门簪数目也不同。

图3-1 徽州大门

图3-2 北京四合院大门

图3-3 门簪

图3-4 门簪整体

　　门铁是铆固在两扇大门下部的护门铁，可保护大门不受损坏。为了美观，其外轮廓常做成各种造型，两扇门合拢之后形成完整的装饰图案，常见的有葫芦形（见图3-5），象征驱邪避祸；如意形，象征吉祥如意；宝瓶形，象征出入平安等。传统建筑装饰的实用、美观、寓意"三位一体"的特征是无处不在的。

　　门钹是固定在大门门扇外面中间部位的一对金属构件，外部多为六角形，内部为圆形，中间挂一环，作为拉手，以门环叩击底座发声，用以敲门，因其形、声好似铙钹，故名门钹，如图 3-6 所示。

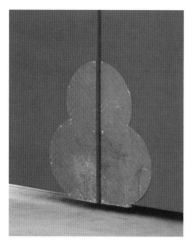

图3-5 门铁

图3-6 门钹

　　门钹做成兽面形态的称为铺首，是门户辟邪之物，其形（底座）如蠡。另有说法认为其形是龙子"椒图"，也有冶炼成蟾状、龟蛇状及虎状等，如图3-7所示。古人寄希望于带有文化内涵的铺首，希望避祸求福、镇凶辟邪、家宅平安。

　　门墩是安置于门槛两端承托大门转轴的石制构件，主要起支撑门框、门轴的作用，多为石质，后端为方形，立于大门门框侧下，如图3-8所示。方形门墩又称为方鼓，一般用在无功名但家境富庶人家门前。抱鼓石的前端为圆鼓状，上面有精美的雕饰，除了满足使用功能以外也具有审美功能，是门面的装饰物，它在封建社会是等级的象征。抱鼓石的下部一般是须弥座，中间为鼓形，上部多雕刻狮子，狮子的形态生动，或伏或卧或蹲于鼓上，鼓面上装饰着浮雕。

图3-7 铺首

图3-8 门墩

　　拴马桩是立于门前供系马匹缰绳的长条形石件，顶端雕刻着人物、动物等形象，如图3-9所示。宫殿、寺庙、官府、富贵人家的宅院大门前则常摆放一对石狮，有佑护宅院平安之寓意，也显示出了建筑的尊贵，如图3-10所示。

图3-9　拴马桩

图3-10　石狮

　　大门里面建筑的房门多采用隔扇门，其主要的装饰部位在格心、绦环板、裙板等地方，这三个部位都可以根据需要添加装饰。其中，隔扇门四周的木框，竖边叫边挺，横边叫抹头。抹头木框之内分为上、下两部分，上半部分叫作格心，也叫花心或格眼，下半部分叫作裙板，如图 3-11 所示。格心与裙板之间隔以狭长的木板，称作绦环板，又叫夹堂板。有的隔扇门上、下两头也加绦环板，称为上夹堂板和下夹堂板。绦环板越多，横向的抹头数量也越多，所以隔扇门就有了四抹、五抹、六抹形制上的区别。

图3-11　隔扇门

　　除大门以外，还有划分外宅与内宅的二门，二门一般采用垂花门，如图 3-12 所示，其最大特点是门头的彩画和倒悬的垂花门柱，柱头的装饰多为莲花花苞形状，故此得名。中国传统建筑中也有使用拱券门的，一般门头上端以浮雕作为装饰，纹样多为左、右对称的构图，与拱门相匹配，看上去庄重大方，如图 3-13 所示。

图3-12　垂花门

图3-13　拱券门

中国传统园林墙上开设的具有独特装饰效果的门洞称为洞门，洞门一般只有门框，没有门扇。常见的洞门有圆形，又称月亮门（月洞门），也有六角形、八角形、长方形、葫芦形、蕉叶形等其他形状，如图3-14和图3-15所示。

图3-14　蕉叶洞门

图3-15　瓶状洞门

3.1.2　牖的装饰及图案

窗在建筑中的实际功能是采光、通风。古代的窗无玻璃，通过糊纸来避风和采光。高级一点儿的窗糊纱罗，但因纱罗的尺寸有限，因此窗格的尺度也较小，所以出现了各种小巧精致的窗格样式。窗的形式有很多，它们多用于居室和园林，其设计手法和风格各有特点，南北方的称呼也不同。

中国古建筑的窗多为墙窗，即在墙上开的窗，主要有槛窗、直棂窗、支摘窗、漏窗等形式。比较特殊的墙窗是山西大院（晋商）的墙窗、徽派民居（徽商）的双层窗、浙江地区的墙窗、寺庙的墙窗等。槛窗是中国古建筑外窗的一种，其形状与隔扇门的上半部分相同，其下由风槛承接，水平开启。槛窗位于殿堂门两侧的槛墙上，由于它是由格子门演变来的，所以其形式与格子门相仿。直棂窗是指用直棂条在窗框内排列如栅栏状的一种窗，如图3-16所示。

在汉族传统园林建筑中有一种满格的装饰性透空窗，其外观为不封闭的空窗，窗洞内装饰着各种镂空图案，透过漏窗可隐约看到窗外景物，这种窗叫漏窗。漏窗俗称花墙头、花墙洞、漏花窗、花窗。为了便于观看窗外的景色，漏窗的高度多与人眼的视线相平，下框离地面一般为 1.3 米左右。也有专为采光、通风和装饰用的漏窗，下框离地面较高。漏窗是汉族园林建筑中独特的建筑形式，也是园林景观的一种建筑艺术处理工艺，通常作为园墙上的装饰小品，多在走廊墙上成排出现，在江南宅园中应用较多。漏窗窗框的外形多种多样，有圆形、半圆形、葫芦形、瓶形、如意形、菱形、扇面形、方胜形等，如图 3-17 所示。漏窗窗框内的花纹图案也非常丰富，仅苏州园林中的窗框花纹图案就有数百种之多，图案内容有花草树木、祥禽瑞兽、山水风景、几何图案、小说与戏曲故事、佛道神话传说等。

图3-16　徽州墙窗

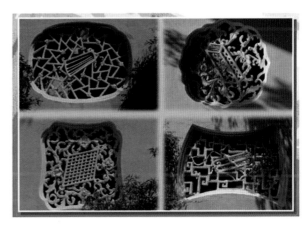

图3-17　漏窗

3.2　墙面与地面装饰及图案

墙是建筑最主要的构成部分，通常房屋以六面围合体的形式出现，除顶面、地面之外，其他四面均以墙的形式呈现。虽然墙面和地面装饰不是建筑装饰的重点部位，但同样蕴含着先人的智慧。古典建筑的墙面、地面装饰非常讲究实用性，特别是民居的墙面、地面装饰，着重从防雨、防潮、明朗洁净等实用功能考虑。墙与人们的生活息息相关，有了墙，才形成了地面建筑，改善了人的原始居住方式，使人类生活发生了质的变化，使人类免受风吹日晒、冰雪严寒的困扰以及猛禽野兽、虫蛇等的侵害，满足了人类基本的生活需求。

3.2.1 墙面装饰及图案

建筑外围墙将室内与室外区分开来，形成室内外空间，也可以把较大的空间通过隔断墙划分成不同使用区域的若干小空间。围墙可阻挡人们通行，遮挡人们的视线，遮挡风雨，保持室内温度等。同时，通过墙体可隐藏墙内状态，保障墙内人员的人身安全与财物安全，使墙内的人员不受外界因素的侵害和干扰。对墙体进行艺术处理，可达到装饰、美化环境的效果。

1. 墙的装饰手法

墙的装饰手法多种多样，将粉刷、雕饰、镶嵌、绘画等各种手法综合运用，可以使墙的造型、色彩、装饰花纹丰富多彩。

墙面的艺术处理一般集中于墙心、墙框、墙顶等醒目之处，大面积墙体常保留原材料本色或进行粉刷装饰，墙面装饰的设计要繁简有序、张弛有度、把握全局。不同材料、不同部位、不同功能的墙面，其装饰手法与装饰效果也各有不同。

1）砖雕

砖雕是重要的装饰手段。建筑砖雕装饰工艺始于汉代，明清时期最为兴盛。南方砖雕较细腻华丽，北方砖雕较浑厚豪放。明清砖雕用凿和木槌在水磨青砖上钻打、雕琢出各种精美、细腻、富有立体感的图案，以体现高超的工艺技巧和华美的装饰效果。砖雕的示例如图3-18所示。

图3-18 徽州民居砖雕

2）琉璃瓦雕

琉璃瓦雕也是建筑墙面装饰的重要手法。琉璃瓦以陶土为胎，施以一种有光彩且不渗水的釉料，烧制而成。琉璃砖瓦的使用使建筑物的色彩更加丰富。琉璃瓦雕多应用于墙帽、槛墙、影壁墙等处，如图3-19所示。

3）壁画、画像石砖

中国传统建筑的内墙装饰主要为壁画、画像砖和画像石。壁画是绘于建筑物墙壁上，用来装饰、美化建筑的绘画作品。不同时代、不同地域、不同功能的装饰壁画各有其独特内容、形式和风格，从而构成了一个庞杂而丰富的系统。装饰壁画按绘制场所的不同，可分为墓室壁画、石窟壁画、寺观壁画、殿堂壁画、民居壁画等。图3-20为山西北朝墓室壁画。

画像石是雕刻在墓室、祠堂四壁的装饰石刻，大多集中在经济富庶、文化发达的地区。画像石的表现形式有阳刻和阴刻两大类，或将两者结合。图3-21所示的画像石，在构图、造型上，以线和面造型为主，将立体的物象化作平面装饰，人物、动物大多取侧面，做剪影化处理，突出夸张的形体姿态，以形写神、变形取神，以求气韵生动。画像石的题材主要有神仙故事、历史人物、社会生活三大类。

图3-19　琉璃瓦雕

图3-20　北朝墓室壁画

图3-21　画像石

2. 重点墙面装饰

1）影壁墙装饰

影壁墙也称照壁墙，古称萧墙，是中国传统建筑中用于遮挡视线的墙壁。影壁墙作为中国建筑的重要单元，与房屋、院落建筑相辅相成，组成一个不可分割的整体。内影壁墙位于大门内，用于遮挡视线。外影壁墙位于大门外，用于缓冲气流，挡风防寒，装饰门面，烘托气氛。影壁墙通常由砖砌成，由壁顶、壁身和壁座三部分组成。大型影壁墙下半部分有墙基或须弥座，两边砌砖柱，上端做出各式墙顶，还有额枋和斗拱等装饰。墙身的中心区域称为影壁心，装饰主要集中在影壁心的中心区域（盒子）和周边的四角（岔角），如图 3-22 所示。

2）山墙

山墙也有多种形式，南方常用风火墙，墙头高出屋面，可以有效阻止火灾向邻近房屋蔓延。风火墙的外轮廓花样繁多，有"人"字山墙、"猫拱背"山墙、"复合曲线"山墙、马头墙等多种样式，如图 3-23 和图 3-24 所示。

图3-22　双龙戏珠影壁

图3-23　徽派建筑马头墙

图3-24　"人"字形山墙

3）檐墙和槛墙装饰

檐墙是檐柱之间的墙体，前檐的称为前檐墙，后檐的称为后檐墙。檐墙以墀头、盘头、戗檐砖等部位为主要装饰点。槛墙是窗子之下到地面部分的墙面。民居的槛墙比较质朴，一般不做装饰。宫殿、庙宇等重要建筑上，可以用琉璃砖进行各式拼镶，或做砖雕图案，如图3-25所示。

图3-25 墀头

3.2.2 地面装饰及图案

中国古典建筑主要在室内地面、院落地面、园林路面和街道路面四个部分进行装饰。地面装饰主要有两个目的：一是实用功能的需要，通过装饰使地面平整，起到防潮、防滑、防尘、防泥泞、易清洁的作用；二是环境美化的需要，通过装饰使地面更舒适、美观，以得到视觉和心理上的满足。

用土、砖、石等材料对建筑内、外地面进行铺设，称为铺地。铺地分为三合土铺地和砖铺地面。其中，三合土铺地是将石灰、黏土、沙子相混合，均匀地铺在地面上并夯实，如图3-26所示。

图3-26 三合土铺地

砖铺地面分为素砖铺地、花砖铺地、地面镶嵌装饰三类。素砖铺地是用青砖、条砖、城砖铺就的室、内外地面，铺砖之前先打一层灰土底子，平铺之后用灰泥填缝。这种方式虽然没有花纹装饰，但可以根据砖块之间不同的角度、大小，排列组合成各种样式的几何图案，如"人"字纹、席纹、"十"字纹、斜柳叶纹、直柳叶纹、拐子锦纹等，来增加视觉的丰富感，如图3-27所示。

图3-27　素砖铺地

花砖铺地是用模印、彩绘或雕刻等工艺将地面做成各式纹样，主要用于宫殿、寺庙或墓室地面。装饰花砖铺设于地面，与藻井、天花、彩面等互相呼应，装饰图案的风格和装饰效果与其他部分保持统一。

地面镶嵌主要用于园林与院落地面，镶嵌材料非常丰富，多以卵石、碎砖、碎瓦混合使用，镶嵌出各式花纹，风格各异，称为卵石地或鹅子地，如图3-28所示。

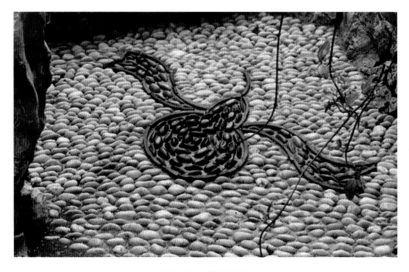

图3-28　地面镶嵌

3.3 建筑彩画

3.3.1 梁枋彩画

一提到古建筑，很多人脑海中浮现出的多为明清时期的建筑。总体来说，明清时期在建筑结构、工艺、装饰手法等方面与前代建筑是一脉相承的。清代距当代较近，现存遗迹较多，一直是现代仿古建筑的重点对象，也是我们学习、分析的重点。从中国古风审美上分析，清代建筑追求的繁复、雕琢、匠心的装饰风格与传统的华夏审美观恰恰是相悖的，汉代、唐代、宋代的建筑都是崇尚素雅的，多用黑白、素色搭配，以纯色大气为主，较少遍铺图案。清代的建筑虽然"骨架"与前代一脉相承，但其色彩艳丽，讲究对比，建筑风格已缺少古风风韵，显得气度不足。

建筑彩画是用颜料、油漆对木结构建筑的梁、枋、柱、檩、椽、斗拱、天花等构件进行髹饰，一方面是为了保护木构件，防腐防虫，另一方面也具有装饰的作用。

早在春秋时期，就有用丹粉髹饰建筑木结构的记载。秦汉时期，彩绘纹饰已经很发达了，有龙纹、云纹、锦地纹等图案。魏晋南北朝时期，受佛教艺术的影响，建筑彩画纹饰以莲花、忍冬、宝珠、"卍"字等佛教题材的图案为主，这从敦煌莫高窟壁画中的装饰图案可见一斑。唐代建筑彩画的形式和艺术水准达到了较高水平，天竺传来的"凹凸花"，即退晕、叠晕的手法大量运用于建筑图案的绘制。宋代具体规定了彩画的制度、规格、制作方法，建筑者可根据建筑等级、环境、用途的不同，选用不同图案。明、清两代，彩画严格按照制度用于建筑装饰，成为划分等级的标准。

从彩画的发展史中可以看出，建筑彩画具有实用性、审美性和文化性三个特征。从实用方面来看，建筑彩画可以保护木材和墙壁表面。这是因为油饰及彩画的矿物质颜料有剧毒，所以建筑彩画有防腐、杀菌、防虫的作用。另外，建筑彩画还能防止风吹、日晒、雨淋，保护木构件，延长建筑的寿命。古时候有一种椒房，即用在颜色涂料中加上花椒树的花朵所制成的粉末进行粉刷，颜色呈粉色，有芳香味道，以此来保护木质结构的宫殿，以防虫蛀。除此之外，建筑彩画也可以填补有缺陷的木构件。由于清代好的木材整料短缺，所以经常用铁箍拼接柱子、木构等，然后在外面施以彩画，使其显得规整、美观。从装饰审美来看，建筑彩画可使房屋内外明快而美观，如图3-29所示。北方的冬季寒冷干燥，色彩较少，在建筑上施以油饰、彩画可丰富建筑区域的色彩，使得建筑周边的环境富有生机，以达到美化建筑周边环境、增加建筑区域色彩的目的。彩画从早期在建筑物上涂色，逐渐发展为绘制各种图案纹饰，后来逐步走向规格化和程式化，到明清时期完成定制。

根据装饰部位的不同，彩画可分为梁枋彩画、椽望、天花彩画、斗拱彩画。宋代与明清时期的建筑彩画最为成熟、经典，也是现代仿古建筑主要遵循与传承的典范。

相对来说，梁枋彩画最重要，它面积较大，颜色艳丽，制式严格，是建筑彩画文化内涵的主要体现，也是我们学习的重点。相对来说，清代彩绘制式更加规范、程式化强，其基本构图、设色、装饰等一直沿用至今；宋代彩画留下来的实物较少，学术界主要通过宋代《营造法式》中的记载来研究。因此，本节先从清代彩画讲起，然后再简单了解一下宋代彩画。

图3-29 梁枋彩画

梁枋彩画主要由枋心、箍头、藻头三部分构成，如图 3-30 所示，并一直沿用至今。枋心在中间，占位比较大，枋心两边是藻头，藻头两边是箍头。这种构图方式早在五代时期虎丘云岩寺塔的阑额彩画中就已存在。明清时期的尊贵建筑，顶部都使用黄色的琉璃瓦，柱子为朱红色，彩画色调选择以青绿为主的冷色调，以便与建筑主体的颜色形成对比，因此，这种彩画被称为青绿彩画。彩画的区别和等级主要体现在枋心、箍头、藻头三个部分，一个简单的判断标准就是彩画能否画龙凤，以及是什么形象的龙凤，再有就是用金量的多寡（沥粉贴金、直接涂金）。

图3-30 梁枋彩画

1. 清代彩画

清代彩画根据等级高低、图案内容、风格形式的不同可分为三类：和玺彩画，等级最高；旋子彩画，等级次之；苏式彩画，等级最低。此外，将以上三者混合使用的，称为杂式彩画。高级别的皇宫和皇陵，规模雄伟宏大、金碧辉煌，彩绘用和玺图案，材料高档、做工精细，如北京故宫、明十三陵、清西陵等都有和玺彩画的运用。王府规模逊于皇宫，色彩庄重，彩绘装饰多用旋子图案。民间富豪的宅院则又低一等，色彩以青灰和白色为主调，即使有彩绘，也只用苏式图案。普通民宅就更为朴素，建筑和装饰大多采用自然材料，以实用为主，很少进行彩绘装饰。

1）和玺彩画

和玺彩画是清代彩画中的最高等级，以龙、凤为主要图案，配以吉祥花草、五色云朵，如图3-31所示。

图3-31　和玺彩画

建筑的枋心、藻头和箍头里都可以画龙纹，以青绿为底色，主要纹样和线条贴金，用金量非常大，金碧辉煌、华丽富贵，只用于皇宫建筑装饰。和玺彩画又分为金龙和玺、龙凤和玺、龙草和玺、梵文龙和玺等，这几种彩画的等级依次降低。

枋心的绘画面积最大，一般绘二龙戏珠（无论青或绿）图案，藻头部分则画升龙、降龙，如图3-32所示。藻头部分的青色象征天空，绿色象征大地，所以青底色画升龙，绿底色画降龙。如果枋较长，藻头部分面积较大，空间充裕，可画升、降二龙戏珠。箍头部分大多画坐龙，而且外围绘出几何图形的边框，好像把坐龙装在盒子里，俗称盒子。

图3-32　枋心彩画

除龙纹以外，还可绘云气、火焰等纹样来烘托气氛。龙凤和玺将龙、凤两种形象在枋心、藻头、盒子等处交错布置，一般装饰在后妃的宫殿中。通常枋心、箍头、藻头为青底画龙，绿底画凤。龙凤交错式可以在枋心、箍头画龙，漯头画凤；也可以在枋心、箍头画凤，藻头画龙；还可在枋心里画一龙一凤，在箍头和藻头里画龙或凤，有多种变化。二龙戏珠式是在枋心画两条龙，龙凤呈祥式是在枋心画一龙一凤。

龙草和玺的基本结构与金龙和玺、龙凤和玺的结构相似，即将草纹图案加入枋心、箍头、藻头内，一般绿底画龙，红底画草，如图3-33所示。草纹常用西番莲图案，配以法轮吉祥草（轱辘草）等。除皇家宫殿以外，龙草和玺也用于喇嘛庙。西番莲纹在西方纹样中的地位同中国的牡丹纹样。西番莲纹由明代传入，在清代盛行。西番莲纹图案造型优美，纹样的适应性比牡丹纹样更强，因此应用广泛，其寓意为连绵不绝，也有对官员清正廉洁的赞誉之意。法轮吉祥草是卷草纹样配以法轮，简称轱辘草。

图3-33　龙草和玺

2）旋子彩画

旋子彩画的级别低于和玺彩画，广泛运用于次要宫殿、配殿、寺庙及重要园林建筑上。它最主要的特色是在藻头内绘制旋子图案，枋心部分有龙纹、凤纹、锦纹、吉祥花草等图案。三停线为"《》"形，箍头为死箍头，如图3-34所示。

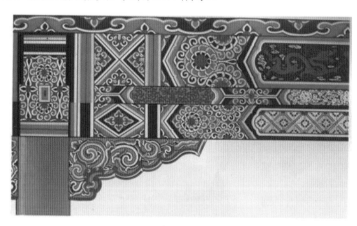

图3-34　旋子彩画

旋子彩画最早出现于元代，明初基本定型，清代进一步程式化，是明清官式建筑中运用最广泛的彩画类型。在用色技法上多以大面积的平涂为主，局部运用退晕、叠晕手法绘制五彩图案。其构图的图案布局，科学合理，构图严谨。在用色上，以青绿相间为主色，使整个图案形成冷色调，与建筑顶部的黑色、黄色瓦面，下部的朱色檐柱、装修及基层的白石等诸色相配，冷暖色调分明，形成强烈的对比，使整体建筑更加灿烂辉煌。

旋子彩画的主要特点是通过用金量的多少来区别等级。在用色方面，除了主要的青色和绿色以外，常用墨线勾边，有时黑边之外还用白色勾边，从而构成了青、蓝、黑、白四种基本色。除此之外，退晕也是常用的手法，即将同种颜色，调成深浅不同的层次，依次勾画某一形象，产生丰富的层次感、立体感，如图3-35所示。

图3-35　旋子彩画中退晕手法

旋子彩画根据建筑等级及用途可划分为浑金，金琢墨石碾玉、烟琢墨石碾玉，金线大点金、墨线大点金，金线小点金、墨线小点金、雄黄玉及雅伍墨等名称。

（1）明初时期，建筑或造船等行业多有伍墨匠，他们是彩绘工匠之一。雅伍墨的枋心多为空枋心，即只刷青绿色而不画任何图案。一字（"一"字象征一统天下）枋心的中间画一条黑杠，金一字枋心的旋子彩画主要出现在陵寝建筑上，彩画设计者必须注意特定的建筑彩画的做法和不同形式在不同的建筑区域上的特殊功能，不能乱用。雅伍墨枋心图案如图3-36所示。

图3-36　雅伍墨旋子彩画

（2）雄黄玉比雅伍墨的等级略高，其最大特点是主要颜色不是青色、绿色，而是雄黄色。多为空枋心、"死盒子"、不贴金，花瓣用淡淡的青绿色退晕，边线可以用黄色，也可以用墨色，用黄色的称为黄线雄黄玉，用墨色的称为墨线雄黄玉。

（3）小点金比雄黄玉的等级略高，主要是指在旋花花心部位贴金，空地用青色、绿色。小点金又分为金线小点金和墨线小点金两种类型。金线小点金是指五大线、栀花花心与旋眼沥粉贴金，旋瓣不作退晕，菱角地不贴金。墨线小点金是指栀花花心与旋眼沥粉贴金，旋瓣不作退晕，菱角地用墨线、白线勾边。两种小点金的枋心和箍头位置的处理方法差不多，在枋心内，小点金多使用夔龙纹和花卉交替组成的图案，否则就用空枋心，不绘制任何图案，只用青色或绿色涂满底色，箍头内多使用"死盒子"。金线小点金比墨线小点金的用金量多一点，因而等级也高一些，如图 3-37 所示。

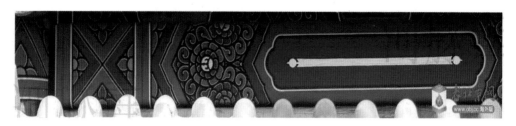

图3-37　金线小点金旋子彩画

（4）大点金比小点金的等级高一级，大点金不但花心处用金，菱地处也用金，三停线内有青绿色叠晕。大点金分为金线大点金和墨线大点金两种类型，如图 3-38 和图 3-39 所示。金线大点金枋心多使用龙纹和锦纹交替组成的图案，也有只用龙纹而不用锦纹的，箍头内大多绘制坐龙和西番莲的图案。墨线大点金的枋心内可以绘龙、绘锦，或者画一字枋心或空枋心，箍头内大多做成"死盒子"。

图3-38　金线大点金旋子彩画

图3-39　墨线大点金旋子彩画

（5）石碾玉比大点金又高一个等级，也是旋子彩画的较高等级。其特点是每一片花瓣的青绿色以及整体的五大线的主要线路都做退晕处理，花心和菱地都用金，枋心和箍头内绘制龙凤纹，如图 3-40 所示。

图3-40　石碾玉旋子彩画

石碾玉可分为金琢墨石碾玉和烟琢墨石碾玉两种类型。金琢墨石碾玉的主体轮廓线条和细部纹饰全部沥粉贴金，不用金的位置做青绿退晕处理，颜色丰富，图案复杂，是旋子彩画中最华丽、层次最丰富、最富丽堂皇的一类。烟琢墨石碾玉比金琢墨石碾玉低一个等级，其枋心内有时使用空枋心，在旋花边线等处不用金线，沥粉勾墨线，空地贴金，花瓣用青绿退晕，而枋心、箍头线仍然用沥粉贴金。区别二者的关键是旋子花瓣部分是沥粉贴金，还是沥粉琢墨。

（6）浑金旋子彩画是旋子彩画中级别最高的，等级仅次于和玺彩画，彩画轮廓线条全部沥粉，整个画面贴金，如图 3-41 所示。浑金旋子彩画一般用于皇家宗庙中。也有学者认为就各种彩画类型的整体来讲，浑金旋子彩画的等级最高。故宫奉先殿内檐（清代）、太庙内檐（清代）、历代帝王庙正殿脊檩（明代）这几处绘有浑金彩画的建筑，都是帝王祭祖的庙宇。

图3-41　浑金旋子彩画

3）苏式彩画

苏式彩画是清式彩画的第三种，比旋子彩画低一个等级，应用于等级较低或者非正式的建筑，也多见于园林、民居建筑中。苏式彩画吸取了江南艺术风格清秀、淡雅的特质，生活气息浓郁，形象逼真具体，构图生动活泼，设色雅致自然和谐，内涵丰富，格调高雅，为建筑彩画装饰增添了全新的形式和内容。

　　苏式彩画的观赏性要高于和玺彩画和旋子彩画。苏式彩画一般出现在建筑的两个位置：一是外檐的额枋处，二是内檐的梁架上。这种彩画内容丰富，自然山水、花鸟鱼虫、各式人物一应俱全，根据屋主的喜好而定，建筑与幽雅的人居环境、旖旎的自然风光融为一体，包含着美学、民俗学、历史学等多种汉族文化内涵，体现出中国传统建筑装饰的意境之美。

　　苏式彩画从苏州传至北京，尤其是进入宫廷成为官式彩画之后，从整体构图到细部纹饰都变得北方化、官式化，跟原来的苏式彩画形成了较大差别。南方苏式彩画的地域特色非常鲜明，保留了南方特有的韵味和精神，一般不用于外檐额枋处，而用于建筑物内部的梁架上，外檐多用木雕、砖雕作装饰（南方地区潮湿多雨，彩画绘在额枋处不利于长久保存），如图3-42所示。北方苏式彩画在外檐处使用频繁，以颐和园长廊的苏式彩画最为著名，如图3-43所示。

图3-42　南方苏式彩画

图3-43　北方苏式彩画

　　苏式彩画的藻头内除绘画外，还会额外画卡子，卡子在藻头靠近箍头的一边，也就是在左边藻头内，卡子靠左，在右边藻头内，卡子靠右。彩画中间部位通常有两种处理方式。第一种方式是枋心彩画，其枋心部分可以绘龙凤、花草等，与旋子彩画相同，也可以画风格写实的山水、花鸟等，如图3-44所示；第二种方式是包袱彩画，一般在外檐额枋处，当梁、枋、垫板上下并排排列时，将这一组构件作为一个整体，绘制大体量、半圆形画板，形同包袱，因此而得名，如图3-45所示。

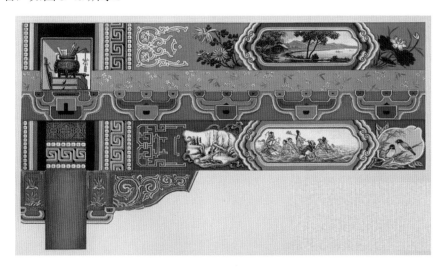

图3-44　枋心彩画

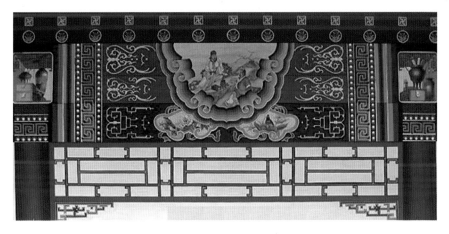

图3-45　苏式包袱彩画

苏式彩画的基本结构分为活箍头和死箍头。死箍头以青（蓝）、绿两色为底色，没有纹饰，只有直线且不曲折，可用黑线勾白边，也可用金线加退晕。活箍头则有多变的图案，内绘花卉、福、寿、回纹、"卍"字纹、西番莲等，花样丰富，做退晕处理。

苏式彩画的等级划分不如和玺彩画和旋子彩画那么严格，主要有下面3类。① 金琢墨苏画（见图3-46）是苏式彩画中最华丽、最精致的一种，其用金量大，在退晕花纹的外轮廓还要沥粉贴金作金线，甚至用"窝金地"处理。② 黄（金）线苏画与墨线苏画不用金，区别二者的关键是用黄线多还是用墨线多。此类苏式彩画，箍头内多为单色退晕，烟云退晕不超过5道。③ 海墁苏画是没有枋心和包袱的彩画，甚至有时连藻头也没有，只有两端的箍头，最多在箍头内加一对卡子，卡子内多为青底、绿底和红底，画一些简单花纹（如流云或折枝花等）进行装饰，为较低等级的彩画，多用于建筑的次要部位，如图3-47所示。

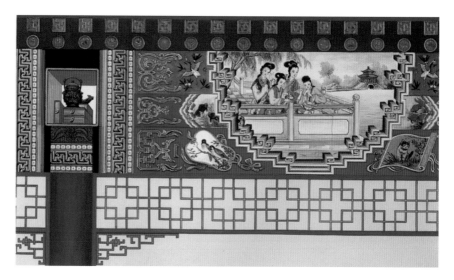

图3-46　金琢墨苏画

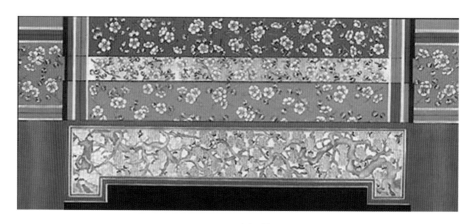

图3-47　海墁苏画

2. 宋代梁枋彩画

宋代彩画有比较系统且规范的官方记录，因此，宋代彩画也是后代彩画发展的基础。宋代之前，梁枋彩画多为花纹通体铺画。从宋代开始，彩画出现了由箍头、藻头、枋心几部分构成的新形式，并一直沿用至今。宋代彩画根据装饰的繁简、等级，由高到低可分为三个级别，分别是五彩遍装、青绿彩画、土朱刷饰。宫殿的主要殿宇用五彩遍装，次要殿宇用青绿彩画，一般房屋采用土朱刷饰，即使都是皇家建筑，彩画也有三六九等之分。

1）五彩遍装

五彩遍装承袭唐代而来，如图3-48所示，是较为华丽的上品彩画，色彩以石青、石绿、朱砂为主，纹样有写实折枝花

图3-48　五彩遍装

卉、各式锦纹等。其特点是：如果以青绿叠晕做边缘，内部用红底色绘五彩纹饰，如果以红色叠晕做边缘，内部则用青底色绘五彩纹饰。此类彩画多用于宫殿、庙宇等主要建筑。

2）青绿彩画

如图3-49所示，青绿彩画包括碾玉装和青绿叠晕棱间装两种，以青色和绿色为主色，多用于住宅、园林、宫殿的次要建筑。碾玉装是内部用深青底色绘淡绿色纹饰，以多层青绿色叠晕，外层对白晕，如同光亮的碧玉，色调雅致，故得此名。青绿叠晕棱间装是绿底色，用青绿对晕，内部不用纹饰。

 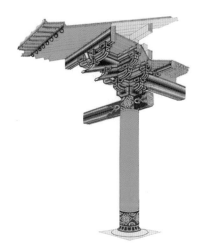

（a）碾玉装　　　　　　　　　　　　（b）青绿叠晕棱间装

图3-49　青绿彩画

3）土朱刷饰

土朱刷饰（见图3-50）是以刷土朱色为主的彩画，承袭秦汉及更早时期的"赤白彩画"旧制，等级最低，一般用于次要房舍。土朱刷饰包括解绿装和丹粉刷饰两种。解绿装指通刷土朱，而以青绿叠晕为边缘。丹粉刷饰是通刷土朱，以白色为边框，若通刷土黄色，则为土黄刷饰。

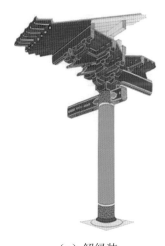  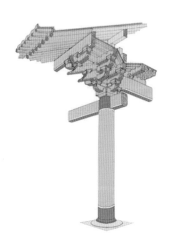

（a）解绿装　　　　　　　（b）丹粉刷饰　　　　　　　（c）土黄刷饰

图3-50　土朱刷饰

4）杂间装

将多种彩画交错配置，称为杂间装。

宋代藻头大多为如意头形状，也称角叶，藻头、箍头比较短，短于整体长度的1/4。清代箍头、藻头加长，枋心变短，只占整体长度的1/3。宋代彩画大量用对晕，很少用金，风格淡雅。明代彩画以旋子彩画为主，且旋子呈椭圆形，花瓣层次比较少，造型简单，只有主要线条用金。后来清代旋子彩画逐渐变为正圆形，而且花瓣层次较多，因此清代彩画最为繁复，富丽堂皇。

3.3.2 斗拱彩画与椽望彩画

1. 斗拱彩画

斗拱彩画是绘于斗拱和垫拱板两个部位的彩画。斗拱多为青绿色，施金线、墨线或贴金。垫拱板多为红色底，绘龙、凤、火焰、宝珠、莲花等纹样，如图3-51所示。

清代官式斗拱彩画中有几个主要概念，即：边，指斗、拱的大边、轮廓线，分为金边和黑边。金边指斗、拱大边是金边（线），黑边指斗、拱大边是墨边（黑线）。此外，老是指斗、拱等中心位置的墨（黑）线、点。在实际运用中，将边与老组合起来，可形成各种斗拱彩画，如金边黑老斗拱（见图3-52）、黑边黑老斗拱（见图3-53）、金边黑老金斗拱、浑金斗拱等。一些非皇家宗教建筑为了显示其建筑的华丽、尊贵，经常采用斗拱彩画。

图3-51 斗拱彩画

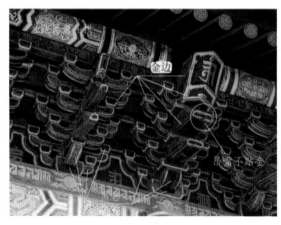

图3-52 金边黑老斗拱

图3-53 黑边黑老斗拱

2. 椽望彩画

椽望彩画是绘于椽头、椽身、望板上的彩画。官式建筑的椽子多施青色、绿色，望板施红色，形成鲜明的色彩对比，重要建筑的椽子和望板遍施彩绘。椽头的花纹较为多样，圆形椽头多画龙眼、圆"寿"字图案，方形椽头画栀子花、方"寿"字、"卍"字、"十"字锦、金井玉栏杆等图案，如图3-54所示。

图3-54　椽望彩画

3.4 屋顶构成、式样与装饰

3.4.1 屋顶的基本构成

屋顶是建筑物最上层的外部围护结构，从大的形态来看，屋顶有平顶和坡顶两种类型，其主要功能是抵御风霜雨雪、太阳辐射和外界不利因素的影响。建筑的风格、等级很大程度上可以从屋顶的体量、形式、色彩、装饰、质地等方面表现出来。

屋顶在中国古建筑的体量中占的比例很大，有的甚至可达到立面高度的 1/2 左右。屋顶曲面形成一条曲线，甚至有的屋檐高于中部，古代匠师充分发挥木结构的特点，运用穿插、勾连和披搭等方式形成如鸟翼伸展的檐角和屋顶柔和优美的曲线。在屋脊的脊端增加华丽的吻兽和雕饰，经过曲面、曲线、飞檐的处理和装饰，屋顶就不再是沉重、笨拙的覆盖物，而成为建筑中极富趣味的部分。

1. 屋面、屋檐、脊、山墙

（1）屋面是指建筑物屋顶的表面，也包括屋脊与屋檐之间的部分，这一部分占据了屋顶的较大面积，如图 3-55 所示。中国古建筑的屋面一般用瓦片砌成。

（2）屋檐是指伸出墙壁的部分，如图 3-56 所示。单檐是指建筑有一层房檐。重檐是指建筑有两层以上的房檐，其等级比单檐高。屋檐的作用是拉长屋身的高度，增加屋顶的层次感，增强建筑的高耸、雄伟和庄严之感，调节屋顶和屋身的比例。重檐分两种情况：一是单层建筑在室外有两层或多层屋檐；二是多层建筑除了房顶之外，下面的楼层也有屋檐。构成重檐的上下几层屋檐平面可以相同，也可以不同。

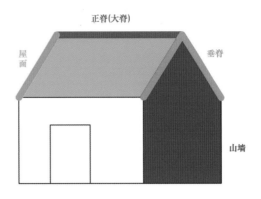

图3-55　屋顶结构

图3-56　屋檐

（3）正脊位于屋顶前后两屋面的相交处，是屋顶最高处的水平屋脊。从正面看，正脊是横着的，平行于地面。垂脊是屋顶上自正脊两端沿着前后坡斜向下的屋脊或在攒尖顶中自宝顶至屋檐转角处的屋脊。

（4）山墙是承重墙，中国传统坡屋顶建筑的主梁是搭在山墙上的。俗话说"山墙扒门，必定伤人"，意思是说，在山墙上开门会使墙的承重力下降，主梁有掉落的危险。

2."人"字形屋顶与卷棚顶

"人"字形屋顶为双坡屋顶，两坡相交处做大脊，形态如"人"字形，如图 3-57 所示。卷棚顶又称元宝顶，"卷"指舒展和弯曲，保持弧线的状态，也为双坡屋顶，两坡相交处不做大脊，由瓦垄直接卷过屋面形成弧形曲面，具有独特的柔和之美，如图 3-58 所示。

图3-57　"人"字形屋顶

图3-58　卷棚顶

3.4.2　中国古典屋顶的基本式样

1. 硬山式屋顶

硬山式屋顶自明朝开始在我国北方民宅中广泛使用，属"人"字形屋顶，从侧面看山墙顶部明显呈"人"字形，有一条大脊和四条垂脊，前、后两个屋面均为坡面，左、右两侧山墙与屋面相交，并将梁、檩等全部封砌在山墙内，如图3-59和图3-60所示。硬山顶是最普通的式样，且级别较低，基本为平民建筑使用，官式建筑和宗教建筑几乎不使用，因此其顶上的瓦片通常选择低级瓦，不使用琉璃瓦。硬山式屋顶从明朝开始应用，因为砖从明代才开始在民居中大量使用，以取代之前的土砌墙面，这样就不需要出挑屋檐来遮蔽风雨保护山墙了。硬山屋顶式样在宋代的《营造法式》中没有被收录，硬山屋顶的"硬"可以理解为"只具备最基本的功能而没有花哨装饰"。其主要特征是山墙墙头处的屋顶和墙面平齐，没有伸出的部分，下雨天站在硬山顶房子的房前屋后都可以避雨，但是站在房子左、右两边就要挨淋了，头顶没有遮挡的建筑。

图3-59　硬山式屋顶

图3-60　硬山式屋顶手绘图

2. 悬山式屋顶

悬山式屋顶是古代汉族建筑中双坡屋顶的早期样式，在外形上与硬山顶相似，其等级略高于硬山顶，普遍用于汉族民居。悬山顶的正脊和屋面是伸出山墙之外的，挑出部分称为出梢，悬山又叫挑山，其前后、左右四面都有房檐，如图3-61和图3-62所示。

悬山式屋顶后传到日本、朝鲜和越南等地。悬山顶的"悬"字可以理解为"左右两侧悬在头顶的房檐"。通俗地理解，就是站在建筑的侧面也可以避雨。悬山顶有利于避雨，而硬山顶有利于防风火，因此，明代之后南方民居多用悬山顶，北方民居则多用硬山顶。山墙外挑出的屋檐，必须有相应的结构去支撑，因此悬山顶与硬山顶除了造型上有不同之外，结构上也有差别。

3. 歇山式屋顶

歇山式屋顶共有九条屋脊，除了与硬（悬）山式屋顶一样有一条大脊和四条垂脊之外，还有四条戗脊，如图3-63所示。歇山式屋顶的正脊比房子的左右宽度短，通过四条戗脊延长屋面的尺寸，进行屋顶封合。歇山顶的建筑等级高于悬山顶。

图3-61　悬山式屋顶结构图

图3-62　悬山式屋顶手绘图

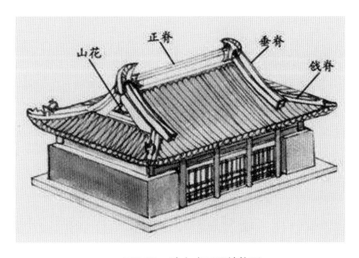

图3-63　歇山式屋顶结构图

歇山式屋顶的正脊比房子的宽度短，因此仅由一条正脊和四条垂脊组成的房顶架在屋架上是遮盖不住整座屋架的，反而会掉进屋子里，只有四条戗脊延长的屋面才能将屋顶封合，整体造型很像给悬山顶的下面穿了一条裙子，而且下半部分比较平缓，给人从容、沉稳的感觉。歇山式屋顶最早出现在汉阙石刻中，早期体量较小，山墙侧面透空，没有山花板，只有悬山式的搏风板。图3-64所示为天安门歇山式屋顶。

图3-64　天安门歇山式屋顶

搏风板即搏风，又称搏缝板、封山板，宋代称搏风板，常用于歇山顶和悬山顶左、右两端屋面伸出山墙的外檐，通常用木条钉在檩条顶端，以防风雪和遮挡檩头。

歇山顶正脊和垂脊在山墙的左、右两侧各自围成三角形空间，其三角形外平面称为山花。歇山顶左、右两面山墙向上延伸，无法接触到正脊和垂脊，只能接触到戗脊。如图3-65所示，山花的两个三角形平面和山墙平行，但不是山墙向上延伸的部分，也就是说，左、右两面山墙其实各自只有不完整的半面墙，上面留有山花一块空白。

图3-65　山花

透空式山花在明代以前使用较多，山花为透空的，不封闭，仅用悬鱼、惹草略加装饰。悬鱼 [见图 3-66（a）] 是从正脊端头垂悬下来的以"鱼"形为主的建筑装饰件，大多用木板雕刻、彩画而成，多用于歇山顶和悬山顶。

惹草 [见图 3-66（b）] 是中国古代建筑钉在搏风板边沿（一般处于檩头位置）的三角形木板，上面多绘制或雕刻与水有关的图案来略加装饰，以表达"防火"的愿望。普通民居很少使用惹草，即便使用也多是做成长方形，不刻纹饰，简朴率真。

　　　　　　　　(a)　　　　　　　　　　　　　　　　(b)

图3-66　悬鱼、惹草

封闭式山花从明代开始使用较多，用砖、琉璃、木板等将山花位置的三角形封闭起来。明代多用砖头垒砌山花，清朝常在搏风板里加上山花板，并在山花板上施以重工（雕刻、彩画）装饰。至此，山花渐渐发展为歇山顶中非常重要的装饰区域，而且，华美建筑物也要配搭精致的山花。自明代以来，歇山式建筑屋顶日益高大，正脊的尺度逐渐加长，因此官方建筑中出现大歇山，从而使建筑看起来更加高峻、凝重。

4. 庑殿式屋顶

庑殿顶由一条正脊和四条垂脊组成，前、后、左、右共计四个斜坡形屋面，它是中国古建筑中最高等级的屋顶样式，常用于皇家建筑和宗教建筑。

庑殿顶的四个屋面为流畅的斜弧面，而不是由四点确定的斜平面，下边屋檐并非如硬山顶、悬山顶一样的直线，而是一条略带弧度的曲线，形成曲檐效果，如图 3-67 所示。庑殿顶和歇山顶是清代的说法，在清代之前，庑殿顶被叫作五脊殿，在宋代称为吴殿顶。"五""吴""庑"都是指它有五条屋脊。在宋代，庑殿顶还被称为四阿殿顶，"阿"专指建筑屋顶的曲檐。相应地，歇山顶又叫九脊顶，因为它有九条屋脊。根据史料记载，早在殷商时代就出现了庑殿顶，可惜唐代中期以前的庑殿顶具体样式已经失传，现今最早的实物建筑是在晚唐之后的。清代规定庑殿顶只能用于皇家和孔子的宫殿，其中又以重檐庑殿顶最为尊贵，它是清代所有殿顶中的最高等级。

图3-67　庑殿式屋顶结构

歇山顶和庑殿顶的正脊都比房子的宽度短，但歇山顶两侧的山花是竖直的，垂直于水平地面，看上去是一个直上直下的三角形，山花之下的半个屋面才是斜坡。庑殿顶的左、右两个屋面是从正脊一直斜下来，并没有垂直的三角形山花。

庑殿顶与悬山顶相比，庑殿顶有四个铺瓦片的斜屋面，四条垂脊中每两条形成一个屋面；悬山顶只有前、后两个屋面，其左、右为山墙，山墙直通至屋顶。庑殿顶的正脊比房子的宽度要短，而悬山顶的正脊比房子的宽度要长，硬山顶的正脊跟房子的宽度一样。

基础式样屋顶大多数既可以做成"人"字形，也可以做成卷棚式，这样就可以得到卷棚硬山式、卷棚悬山式、卷棚歇山式等很多屋顶式样，在此基础上还可以做重檐，这样屋顶就又有更多种变化。我们把屋顶一类、一种地拆分理解后，即便是很复杂的屋顶样式，大家也可以自己分析、判断了，比如是什么类型的顶，是否卷棚，是否重檐，几重檐。

5. 攒尖式屋顶

攒尖式屋顶没有正脊，有若干条向下的垂脊，屋面在顶部交汇成一点，形成尖顶，垂脊和屋面多向内凹或成平面，如图3-68所示。通常偶数垂脊较多，奇数垂脊较少，常见的有四条垂脊、六条垂脊、八条垂脊，分别叫四角攒尖顶、六角攒尖顶、八角攒尖顶。圆形攒尖顶屋脊不明显。攒尖顶常用于亭、榭、阁等观景建筑和休闲式建筑中，在较为重要、尊贵或者等级较高的建筑物中不常使用。但四角攒尖顶建筑因感觉像是正方形屋室，而不像亭阁，所以在宫殿中也常看到，比如天坛攒尖式屋顶（见图3-69）。

宝顶也称宝刹，是攒尖顶中央的凸起，也用在其他样式的屋顶的正脊中央作为装饰。在等级最高的皇家建筑中，宝顶的材质均为铜质鎏金，光彩夺目，如图 3-70 所示。盔顶是古代中国建筑的屋顶样式之一，与攒尖顶的结构相同，但垂脊与屋面上半部分向外凸，下半部分向内凹，向上挑起屋檐，整体造型如头盔，如图 3-71 所示。盔顶在中国古建筑中并不多见，常用于碑、亭等礼仪性建筑。

图3-68　攒尖式屋顶手绘图

图3-69　天坛攒尖式屋顶

图3-70　天坛宝顶

图3-71　岳阳楼盔顶

6. 盝顶

盝顶顶部由四个（也有六个、八个）正脊围成平顶，屋顶四周加上一圈外檐，下接庑殿顶式屋面，像盒子的顶部，如图3-72和图3-73所示。盝顶在金代、元代比较常用，元大都中很多房屋都采用盝顶，明、清两代也普遍使用。此外，盝顶也经常用在帝王庙井亭的顶口。

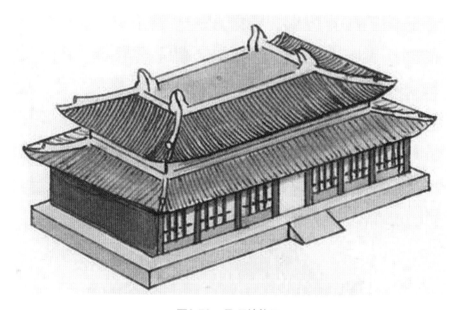

图3-72　盝顶结构图

古代井亭大多数在顶中央开有露天的洞口，以便纳光看清水井里的水面，也便于清掏工作的开展。现存盝顶都采用井亭不多，故宫里面大约有27座，再就是太庙、天坛、先农坛还有少数存留。

图3-73　盝顶建筑

7. 十字脊式屋顶

　　十字脊式屋顶是由两个歇山顶互相垂直，十字交叉形成的，如图 3-74 和图 3-75 所示。这种顶看上去华丽，装饰性很强。十字脊式屋顶乍一看很复杂，但了解歇山顶结构后，仔细观察，还是很容易理解其结构的。

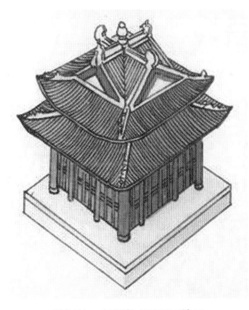

图3-74　十字脊式屋顶手绘图

图3-75　十字脊式屋顶建筑

1）万字顶屋顶

如图 3-76 和图 3-77 所示，万字顶屋顶为"卍"字形，取"万事如意、万寿无疆"之意。

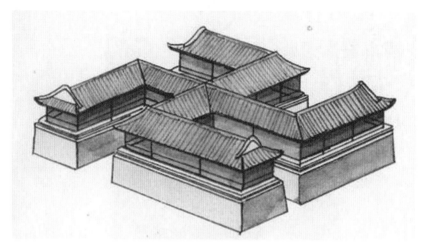

图3-76　万字顶屋顶手绘图

图3-77　万字顶屋顶建筑

2）勾连搭屋顶

勾连搭屋顶是将几个屋顶横着并排连搭，连搭屋顶的长短、宽窄、高矮、形状等均一致，连搭后成为连续的成排建筑，如图 3-78 所示。勾连搭屋顶分为一殿一卷式勾连搭屋顶（见图 3-79）和带抱厦式勾连搭屋顶两种类型。

图3-78　勾连搭屋顶远观图

图3-79　一殿一卷式勾连搭屋顶

3.4.3　中国古典屋顶装饰

1. 脊部装饰

如图 3-80 和图 3-81 所示，脊兽是中国古代建筑屋顶脊部的装饰构件，它们处于脊部的位置不同，名称也就不同。脊兽造型各异，承载着人们的美好寄托，并遵循特定的等级规范，一般以砖瓦、石、木质、琉璃雕刻为主。正吻又称为大吻，是位于宫殿、城楼等屋顶正脊两端的装饰构件。正吻在建筑上有一定的使用功能，正脊、檐角为屋面两坡的交汇点，容易渗入雨水，吻将这些地方的瓦垄严密封固，使建筑稳固、防水。

  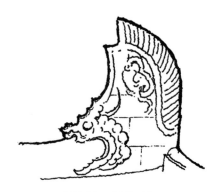

图3-80　脊部装饰全貌　　　　　　　　　　图3-81　脊兽形象

通常认为官式建筑的正吻造型来源于鸱尾与螭吻两种神兽。鸱（蚩）尾的说法源于汉代，认为是蚩尾之形。有人认为鸱尾就是佛经里的摩羯鱼，是雨神的坐骑，随佛教传入中国。前代已无从考证，中唐或晚唐时期有确切的文献记录，出现了张口吞脊的鸱尾造型，尾部逐渐向鱼尾过渡，向上翘起，并向内弯曲，鳍上有很多刺，称为拒鹊，如图3-82所示。宋代以后，鸱尾逐渐过渡为吞脊龙首，并减去鳍，形成螭吻的早期形象。

明清以后，官式建筑主要采用螭吻造型。螭吻造型头部呈龙形，尾部上扬，下部内弯后又向外卷曲，身上塑龙鳞，吻背上插着旌阳剑柄，生动形象且富丽堂皇，如图3-83所示。

图3-82　鸱尾形象　　　　　　　　　　　图3-83　螭吻形象

2. 屋顶的瓦

中国古代的屋顶，无论什么样式，一般都由瓦片铺装，当祖先掌握了制陶技术后，瓦就被制作出来并使用至今。屋瓦历经几千年的洗礼，渐渐形成了丰富的屋瓦文化，在不同时代、不同功能、不同级别的建筑中呈现出迥异的风貌，是古建筑装饰的重要组成部分。中国古建筑屋顶用瓦一般可分为板瓦、筒瓦、瓦当、滴水四种，如图3-84所示。

（1）如图3-85所示，板瓦呈弧形，多为八分之一圆周的截面，一垄垄仰面铺在屋顶上，上、下两瓦一般按照"压一露二"的规律搭接覆盖，可使雨水顺坡流下而不漏。每块板瓦的上部稍宽，下部稍窄，便于层层叠压。

（2）筒瓦是骑扣在两垄板瓦连接处的瓦片，在屋面呈凸起形状。筒瓦的截面弧度比板瓦大，呈半圆形，每块筒瓦的尾部都有一个舌片似的榫头，用来与上面的另一块筒瓦相接，如此既可以加强连接，又可以防止屋顶漏水。与板瓦不同的是,筒瓦之间的连接不是靠相互叠压，而是用泥灰密封粘牢，防止瓦片下滑，如图3-86所示。

（a）

（b）

图3-84　屋顶的瓦

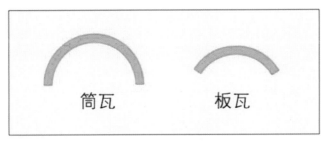

图3-85　筒瓦与板瓦

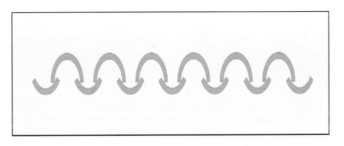

图3-86　筒瓦与板瓦结合的形象

（3）瓦当具体是指覆盖在建筑檐头每垄筒瓦最前端，挡住每一垄筒瓦不下滑的建筑构件，其基本形态与筒瓦相似，但顶部多了一个陶制（琉璃等）下垂的特定挡头，俗称"瓦头"，不仅起到保护木构屋架、檐头的作用，还增加了建筑的美观。瓦当是古建筑瓦顶的重要构件。

（4）滴水位于屋檐每垄板瓦的最前端，用来封护板瓦的最底端，使雨水顺其滴下而不伤及屋檐。滴水的后部与板瓦相同，瓦面上有钉眼，可以钉入钉子防止板瓦下滑。滴水的前部在宋元时期多为梯形舌片，纹饰以简单的绳纹居多，明清时期逐渐发展为垂下的如意形舌片，上面雕饰着精美的纹样，花纹多与瓦当的图案配套，两者相得益彰，如图3-87所示。

图3-87　滴水造型

3.4.4　室内屋顶装饰

1. 露明

露明在宋代称为砌上明造或明栿，即对室内顶部空间不作任何掩盖处理，梁、檩、椽等木构架裸露在外。此法古已有之，古人是无能力进行露明以外的装修处理的，只能顺其自然。当后人有能力对屋顶空间进行装修时，露明处理便成为一种选择。

如图3-88所示，露明可以展现屋顶木构架的结构美，同时将屋顶的内部空间并入室内空间，使室内更加宽阔、高大。这种处理方法对本构架的工艺处理、细节把握及整体关系的要求更高，大多用于早期建筑、寺庙佛殿、陵寝祭殿和宫殿组群中的门殿，以便营造高耸、深幽、神秘的空间氛围。此外，露明在南方民居建筑中也较为多见。

图3-88　露明处理

2. 藻井

藻井是中国传统木构建筑中室内顶棚上覆斗形的窟顶装饰，由多层、细密的斗拱承托，由下而上不断收缩，形成一个下大顶小凹进的"井"。藻井不用一颗铁钉，像个倒置的漏斗，四壁饰有雕刻或彩绘的藻纹装饰，"井"加上藻纹装饰，合称为"藻井"。

如图3-89所示，藻井的结构形式多样，有方形、矩形、圆形、六角形、八角形、螺旋形等，象征天宇的崇高。传统观念里，藻井是神圣的象征，多用在宫殿与寺庙中宝座、佛坛上方最重要的天棚部位。藻井是尊贵建筑的象征，唐代曾明确规定王公以下的人所住居室不得用重拱藻井。藻井是一种高级的天花造型，一般用在殿堂的正中，如帝王宝座、佛像座之上。

（a） （b）

图3-89 藻井

藻井的历史悠久，早在2000多年前的汉代墓室顶部就已经出现，上面刻着藕茎类的水草植物。明代之后，藻井的构造和形式有了很大发展，极尽精巧和富丽堂皇之能事，除了规模增大以外，顶心用以象征天国的明镜开始增大，周围绘莲瓣，中心绘云龙。后来越来越强调中心的云龙，清代演变为一团蟠龙，蟠龙口中悬垂吊灯，也称为龙井。据东汉的《风俗通》记载："今殿作天井。井者，东井之像也。菱，水中之物。皆所以厌火也。"东井，即井宿，星官名，二十八星宿之一，有八颗星，被认为是主水的。菱指藕茎类植物，如菱角、荷花或莲叶等，都为水中之物，厌火。因此，早期的藻井很多是用荷、菱、藕等藻类水生植物来装饰的，希望借以压服火魔作祟。古代社会由于生产力低下，人们缺乏应对突发事件的有效手段，所以从多方面为自己增加好的意愿，希望获得未知能力的帮助，藻井便属于有美好寄托的装饰。

敦煌藻井图案是藻井中的精华，匠师们在这一大面积上绘满图案，表达"天外之天"的意境，精美、华丽。莲花是敦煌藻井的主要装饰内容，代表"莲之出淤泥而不染"，是佛教净土的象征。敦煌藻井简化了传统古建筑多层叠木藻井的结构，中心位于石窟内中央顶部，向上凸起，四面为斜坡，为下大顶小的倒置漏斗形象，主题作品在中心方井之内，周围图案层层展开，显得高远深邃。现存的宋代之前的木构建筑甚少，藻井实物更是如此，学术界多是通过对敦煌莫高窟的探究来了解藻井图案的。敦煌藻井图案（见图3-90）是藻井中的精华，由于它高踞石窟顶部，受风沙及恶劣自然环境的损害较少，同时也免除了许多人为的损坏，故保存得比较完好。早期的藻井图案造型简练朴实，用笔豪放自由，色彩以土红、土黄、石绿、白、深赭运用最多，形成一种对比鲜明、热烈醇厚的色彩基调。

（a）　　　　　　　　　　　　　　　　（b）

图3-90　藻井图案

3. 天花

天花是中国古典建筑内部用以遮蔽屋梁以上部分的构件，在汉代称为平机或承尘，在宋代称为平阁或平闇，属小木作，而清工部著作的《工程做法》中认为天花属大木作。天花多以顶棚部位的彩画为装饰，根据顶棚做法的不同，可分为井口天花与海墁天花。

井口天花一般用木条做成若干方格状，如"井"字形，上面铺板。其彩画装饰重点在支条和天花板这两个部位。支条是组成天花方格的木条。天花板为钉于天井内的木板。支条十字交叉处多画圆形"轱辘"图案，四边延长的支条称为燕尾，多绘制如意云头、锦地图案，其余部分涂绿色底或描绘几何纹样，这类装饰称为支条装饰。一般在正方形天花板上画外方框和内圆形，方形部分称为方光，圆形部分称为圆光。圆光内的图案内容丰富，有龙、凤、鹤、花卉、文字等。方光内的四角称为岔角，上面绘制岔角图案，多为云纹，常贴金处理。由小而密的方格或斜方格组成的天花，是一种带木肋的木板顶棚，被称为平棋，其做法是将木板四周加边框，中间以木肋相交构成方形、矩形或菱形等的格子。

早期平棋的方格都很大，使用的木条也较粗，且方格大多是长方形。辽代、宋代直至明代，也还有长方形方格的平棋，后来方格逐渐缩小，并且逐渐向方形转变，到了清代，全部成了清一色的正方形方格，如图 3-91 所示。

如图 3-92 和图 3-93 所示，海墁天花一般多在较小的房间使用，一个房间只用一个框架，不分格子，或墁板，或糊纸，其装饰手法非常灵活，可以仿照井口天花或藻井的构图彩绘纹样装饰，也可满绘四方连续图案，如流云等。在敦煌石窟中，也有多处在石窟顶部平面上绘制仿木构平綦格式的海墁天花。这种方式始于中唐时期，当时主要装饰于佛龛顶部，以莲花、茶花、连珠纹等为主要题材。海墁天花中大量使用平綦图案，在西夏时期的洞窟中，它不仅出现于龛顶，还出现在藻井周围的窟顶四披上。

图3-91　井口平棋天花

图3-92　海墁天花

图3-93　海墁天花细节

台基、柱子、栏杆装饰

3.5.1 台基装饰

台基是建筑物的底座，以土垒方台，四面砌砖石。台基的大小和高度一方面要与上面的建筑物尺度保持协调，另一方面也要具有等级、伦理上的象征意义。宋代以后，官式建筑的台基形制与高低都有明确规定，台基的角石、象眼等处是装饰的重点。

中国古建筑对台基的使用不仅历史悠久，而且范围十分广泛，上到宫殿，下至民宅，都有它的存在。台基的主要作用是防潮、隔湿，其高于室外地坪的基身，主要部分用多层夯土或夯土层与碎砖瓦、石块层交互重叠，夯筑而成。台基可以有效地阻止地下水分的上升，保证室内有一个较为干燥的环境，既适合使用者的居住和使用，也保护了之上的木构架，使其不会因水的侵蚀而腐烂。除此之外，台基在结构上有承重作用，是一个庞大的块状地基。它比原来的自然地坪有更好的力学性能，可以更好地承担上部的重荷，防止不均匀沉降的发生。另外，台基还具有美学意义，避免古建筑大屋顶在视觉上产生头重脚轻的失衡感，弥补单体建筑不甚高大雄伟的欠缺。图 3-94 和图 3-95 所示为古建筑台基。

图3-94　古建筑台基（1）

1. 台基的结构

高制式台基由栏杆、台明、月台和台阶四部分组成，如图 3-96 和图 3-97 所示。其中月台、台阶、栏杆均为台基附件，不是必有结构，只有高制式台基才用月台和栏杆，当台明较矮时，连台阶也可省略。

图3-95 古建筑台基（2）

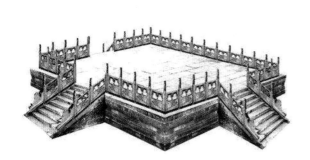

图3-96 台基结构图（1）

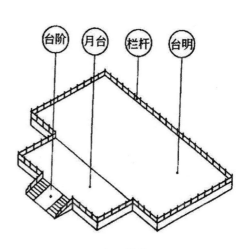

图3-97 台基结构图（2）

（1）栏杆起到防护、分隔空间、装饰台基的作用。

（2）台基上露出的地面称为台明，它是台基的主体部分。古建筑的上出大于下出（屋檐一般大于台基），二者之间的尺度差叫回水，以确保屋檐流下的水不会浇在台明上，可保护柱础、墙身免受雨水侵蚀。台基上沿屋檐一圈的地表经常会镶嵌一些石子，称为散水，下雨时雨水会沿屋檐汇集落下，冲击力较强，不规则石子面（散水）就会将水滴弹射到各个方向，起到分散水流冲击力，保护台基的作用。

（3）月台又称为露台或平台，是台明的扩大和延伸，有扩大建筑前的活动空间及壮大建筑体量和气势的作用，其形式和做法与台明的相同。

（4）台阶又称为踏道，为上、下台基的阶梯，通常有阶梯形和坡道形两种。

2. 台基的主要类型

中国古建筑的台基在数千年的发展过程中形成了两种主要类型：方形台基与须弥座式

台基。方形台基是中国本土台基，须弥座式台基是受佛教文化影响的舶来品，这两种类型的台基均主要由基身与台阶构成，基身承托屋身，台阶供人上下。方形台基的示例如图3-98所示。

图3-98　方形台基

须弥座又名金刚座，是台基的最高等级，最初用作佛像或神龛的台基，以显示佛的崇高伟大。自佛教传入中国之后，中国一些建筑开始以须弥座造型作为台基。须弥座式台基由圭角、上下枋、上下枭、束腰等几部分组成，上下宽，中间窄，有多层凹凸线脚、纹饰，并多辅以雕刻装饰，如图3-99所示。

图3-99　须弥座式台基

须弥座最早见于云冈石窟，一般用砖或石砌成，台上建有汉白玉栏杆。在封建社会，须弥座只能用于等级高的宫殿、寺院、道观以及一些纪念性建筑上，整体装饰效果曲直相映、动静结合，立体和平面装饰配合恰当，繁简得当。

 知识拓展

须弥座：《营造法式》中规定了须弥座的详细做法，其上下逐层外凸部分称为"叠涩"，中间凹入部分称为"束腰"，其以莲瓣间隔。从元朝起，须弥座束腰变矮，束腰的角柱改为"巴达玛"（莲花），壸门、力神已不常用，莲瓣肥硕，多以花草和几何纹样做装饰，明清成为定式，上下部分基本对称。在大小相似的建筑物中，清代须弥座栏杆尺度较宋代的小。

3. 台阶

台阶又称为踏道、踏跺，一般用砖或石条砌造，置于台基（台明、月台）与室外地面之间，是台基的重点装饰部位之一，具有阶梯功能，是从人工建筑到自然环境的过渡。根据建筑的大小和制式的不同，台阶可分为御路踏跺、垂带踏跺、如意踏跺、礓磋、慢道等多种形式。

（1）御路踏跺由阶梯形踏步与缓坡道组合而成。坡道又称为辇道、御路、陛石，用来行车，一般用于宫殿与寺庙建筑。

丹陛石（见图3-100）又称为御路石，安置在宫殿前三出陛踏跺的中路，斜放在须弥座台基上，两侧留有台阶，上面有雕刻龙纹浮雕图案的长方形厚石板。丹陛石是皇权的象征，浮雕图案上部多是宝珠（皇权的象征）和双龙，下部多为海水和山石，象征着江山永固；中部多为二龙戏珠，一龙象征天帝，一龙象征皇帝。例如，北京故宫保和殿后面有一块全国最大、最壮观的丹陛石，雕刻着九条龙飞腾在大海和流云之中，象征着真命天子一统山河。

（a）　　　　　　　　　　　　　　　（b）

图3-100　丹陛石

（2）垂带踏跺（见图3-101）是在踏步两旁设置垂带石的踏道，最早见于东汉的画像砖。宋代以前，建有两座垂带踏跺，东边的叫东阶，供主人行走；西边的叫西阶，供客人行走。垂带石是踏跺两侧由台基至地面斜置的条石。土衬石是踏跺之下铺设的一层石板。

（3）如意踏跺（见图3-102）的踏道不做垂带，踏步条石沿左、中、右三个方向布置，

每层石板的长度和宽度都逐层缩小，人可沿三个方向上、下行走，一般用于民宅和园林建筑。天然如意踏跺是用天然形状的石板材叠成。一般这种台阶只有三层，不规则的台阶并无使用上的不便，且有山林之趣，多用于园林建筑的台基之前。

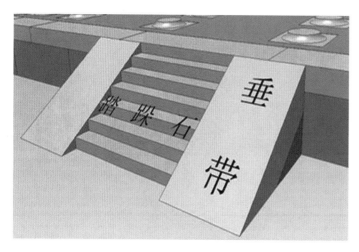

图3-101　垂带踏跺

图3-102　如意踏跺

（4）礓磋是古代中国建筑中用砖或石砌成的锯齿形斜面的升降坡道，如图3-103所示。其既无台阶，又不打滑，形状像洗衣板，供人、马车登台基使用。礓磋应用于各类等级、各种功能的建筑，礓磋中间也可以刻龙凤花纹。

（5）慢道是较缓的斜坡道或台阶道，一般用于室外高差较小的地方，《营造法式》中规定："城市慢道的高长之比为1：5，厅堂慢道的高长之比为1：4。"

图3-103　礓磋

3.5.2　柱子装饰

柱子是中国传统建筑中主要的承重构件之一，也是装饰的重点，其柱式和装饰样式繁多，其材质主要有石、木两种，其形态有方形柱、圆形柱、六角形柱、多角形柱、束竹柱、凹棱柱等多种，均可运用彩绘、雕刻等装饰手法。

1. 柱础装饰

如图3-104所示，柱础是木质柱子下垫的石礅，其主要功能是将柱身承载的重力传导到地上，减轻柱子的压力，使建筑更加稳固。石质柱础高出地面，可以防潮、防柱脚腐蚀或碰损。

（a）　　　　　　　　　　　　　　　　（b）

图3-104　柱础

柱础有多种形态。覆斗式柱础是日常"方斗"形状的柱础，将斗覆扣于地上，形成上小下大的覆斗式样式，稳定性良好。圆鼓式柱础是日常"圆鼓"形状的柱础，上下鼓面较小，中间鼓肚较大，从上往下看，即由上鼓面到鼓肚，感觉很稳定，再从鼓肚到下鼓面，即由大到小看，看上去很灵巧，整体造型给人以既稳定又不失灵秀的感觉。基座式柱础的基本样式是上、下有枋，中间为束腰，如较常用的须弥座，造型稳重大方，尊贵庄严。

2. 柱身装饰

柱身装饰主要包括柱的形态与装饰（雕刻、油漆、彩画）等。木柱雕饰早期用得较多，元明之后不再采用，柱身除卷杀外不做多余的装饰。石柱雕刻的题材广泛，常见的有龙柱、花鸟柱、蝙蝠柱、人物柱、楹联柱等，如图 3-105 和图 3-106 所示。

图3-105　龙柱

图3-106　楹联柱

3.5.3　栏杆装饰

栏杆在古代建筑中应用得十分广泛，在室内、室外、台基、游廊、楼、台、亭、榭等建筑上到处可见，主要有木质、石质、砖质、竹质、琉璃质等多种材料。栏杆从功能上分，有用于高处建筑周围的护栏，有供游人休息的坐凳栏杆，有设于临水建筑供人斜倚远眺的靠背栏杆，也有用于台阶两侧的垂带栏杆等；从形式上分，有寻杖栏杆、直板栏杆、栏板栏杆、花式栏杆等。

1. 寻杖栏杆

寻杖栏杆又叫巡杖栏杆，是栏杆中最常用的一种，最早出现在汉代，由寻杖、望柱、华板、地栿等主要构件组成，如图 3-107 所示。寻杖栏杆重要的装饰部位是望柱和华板。

（1）望柱是一段栏杆两端的栏杆柱。望柱分柱身和柱头两部分，下接地栿，柱身的截面，在宋代多为八角形，在清代多为四方形。望柱柱身可以有浮雕装饰，柱头的造型、雕刻更是丰富多彩，如狮子、宝珠、莲花、龙凤、卷云、葫芦、石榴等，装饰性、趣味性很强。

（2）华板是栏杆的主要装饰区，多以浮雕手法装饰，纹样多为几何图形、动物、花草、云纹、人物故事等，内容丰富，雕工或繁或简，风格多样。华板的纹样在不同时代有不同的内容和装饰特点。如汉代多用连环纹、斜方格纹；南北朝、隋唐五代多用钩片纹、万字纹；明清时期装饰风格富丽繁复，龙纹和人物故事较有特色，特别是园林中的栏杆华板装饰，纹样更为丰富，有记载的就有上百种。

2. 直板栏杆

直板栏杆由若干直立木条构成，没有栏板等构件，如图 3-108 所示。

图3-107　寻杖栏杆

图3-108　直板栏杆

3. 栏板栏杆

栏板栏杆只有望柱和柱间栏板，没有寻杖等构件，栏板上装饰有透雕或浮雕的各式图案，如图 3-109 所示。

4. 花式栏杆

如图 3-110 所示，花式栏杆的特点是将整个栏杆用棂条拼接成各式透空的几何图形。花式栏杆广泛用于住宅、宫殿、园林建筑中，与格扇门、窗遥相呼应，为传统建筑增添了灵透的韵味。宫殿建筑台基四周栏杆望柱之下与基座上枋垂直相交处常设一圈螭首造型挑伸于栏杆外（见图 3-111），螭首嘴部开一个小口直通基座面，其功能是排泄积于台基上的雨水，也起到一定的装饰作用。

图3-109　栏板栏杆

图3-110　花式栏杆

图3-111　螭首造型

本章小结

　　本章主要介绍古建筑屋顶的类型、主要装饰以及台基、柱子、栏杆的装饰。各部位的装饰自成风格，题材丰富，注重细节，具有审美性的同时也体现出不同的政治格局与中国人对朴素生活的追求，装饰的丰富变化体现出中国传统建筑装饰的不拘一格。

思考练习题

1. 现代的生活背景下，中国传统人文观念与装饰理念如何与当代新生活方式相衔接？
2. 古代建筑的屋顶以何种形式区分等级？
3. 须弥座传入中原后，其装饰纹样出现怎样的演变？

第4章

建筑装饰的表现手法

建筑与一般的绘画和雕塑不同，它具有实用性与艺术性。建筑空间除了是供人们劳动、工作、生活、娱乐的场所之外，建筑本身还可以供人们观赏，使人们从中获得视觉上的美感和心灵上的感悟，这就要求建筑既有外观的形态，又能表达一定的思想内容。对于建筑而言，这种表现是受到限制的，因为建筑外部和内部空间的形体首先决定于其实际功能的需要，如剧院的演出与观剧、体育场的竞技、医院的求医与治病等。同时，设计者与建造者还要依据构成建筑的不同材料与结构，进行建筑形象的塑造，所以建筑的整体造型不能像绘画与雕刻那样表达情节与场景，从而表现一定的思想内容。建筑形象，无论是个体的形象还是由建筑群体所组成的空间形象，都只能表达出一种总体的氛围。例如，宫殿建筑的威严与崇伟、陵墓建筑的肃穆、园林建筑的活泼与轻盈等。建筑要想进一步表现出某种更为具体的思想内容，则需要依靠装饰，因此可以说装饰是建筑表达其艺术性的重要手段。

4.1 象征与比拟

建筑装饰图案也和诗词、书画一样，需要在有限的"篇幅"和"画面"里，通过简练的主题来表达一定的思想内涵，使人获得相应的感悟，所以象征与比拟是一种比较好的手法。在建筑装饰上，常见使用形象的象征与比拟、谐音的象征与比拟等方式。

4.1.1 形象的象征与比拟

建筑在艺术类型中属于造型艺术，因此建筑也是一种形象艺术，从建筑的总体造型到局部装饰都离不开形象的塑造，因而形象比拟在建筑装饰中应用最广泛。例如，龙既为中华民族的图腾，又是封建帝王的象征，所以在宫殿建筑上，龙成了最主要的装饰主题；在民间建筑上，龙的形象则寓意着神圣与吉祥。狮子性凶猛，在佛教中为护法之兽，象征着威武与力量，所以从宫殿到住宅的大门两侧都用狮子形象作为护门兽。秦、汉时期就出现了用青龙、朱雀、白虎、玄武装饰的瓦当，如图4-1所示。这四种神兽瓦当成为当时宫殿专用之瓦。唐、宋、明、清四个朝代的皇城宫门也取南门为朱雀门，北门为玄武门，体现了古人"天人合一"的思想。可见，这种象征与比拟手法已经从局部装饰扩大到建筑群的规划与建筑物的名称上了。

植物形象应用得更广泛。莲荷在装饰中频频出现，不仅因为它有形态之美，更因莲荷所具有的高尚品格。在中国封建社会里，人要出淤泥而不染，身在卑微处而保持气节，坚韧不拔，遇难而进，这些也都是人们所崇尚和追求的。莲荷生于淤泥而洁身自好，其根质柔而能穿坚，居下而有节的生态特征正是古人所倡导和崇仰的道德。松、竹、梅是植物中的高品：松刚劲挺直；竹身有节，可弯而不可折；腊冬百花凋谢，梅傲雪独放。这些植物都象征着高尚的人格，因而成为建筑装饰中的常用主题。图4-2所示为植物形象木雕。

在建筑装饰中，不仅应用一种动植物，还经常将多种动植物组合在一起以表现更多的思想内容，如图4-3所示。动物中的鹤与植物中的松树和桃都是长寿的象征，所以装饰图案中常见松树下站立仙鹤的组合画面，象征着"松鹤长寿"。有的装饰图案将象征着富贵的牡丹和桃放在一起，寓意"富贵长寿"。在有些祠堂和讲究的住宅里，主要厅堂的格扇的绦环板上可以见到这类组合的装饰木雕图案，它们内容互不相同，却组成系列的装饰画面，既有形式之美，又表现了丰富的人文内涵，如图 4-4 所示。

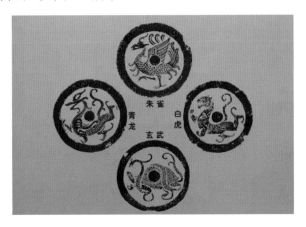

图4-1　四神兽瓦当

图4-2　植物形象木雕

图4-3　动植物形象雕饰

图4-4　隔扇门绦环板装饰

4.1.2　谐音的象征与比拟

在建筑装饰图案中，常借助主题的同音字或谐音字来表达一定的思想内容，如莲与"连""年"，鱼与"馀"，狮与"事"等，这种手法称为"谐音比拟"，这是因中国语言文字的博大精深而产生的一种特有现象。

鱼除了因产仔多而具有多子多孙的意义之外，还有鱼龙并存并有一道龙门相隔的组合装饰图案。鱼龙共生水中，但龙为神兽，鱼仅为凡物，传说二者之间隔着一道龙门，鱼只有通过长期修炼才能跃过龙门而成为神兽，这就是"鲤鱼跃龙门"的民间传说。它寓意凡人只要通过努力与磨炼就有可能升入朝门，步入仕途，得以功成名就，福禄双全。鱼除了有这些象征意义之外，还有因其谐音"馀"而产生的新喻义。"馀"为多余之意，"富富有馀"，多福多财，自然是人之所求。

狮子因其凶猛的形象被广泛地使用在建筑大门两侧，在木结构的牛腿、撑拱上都能见到它的形象，如图4-5所示。"狮"又因与"事"谐音，表示"事事如意"，狮子配以长绶带表示"好事不断"，如果再加钱纹则有"财事不断"之意。

图4-5　双狮木雕

公鸡与"功"和"吉"谐音，它与牡丹相配表示"功名富贵"，公鸡站在宝石上，则表示"宝上大吉"。

动物中最具谐音比拟效果的当数蝙蝠。这是因为它的名字与"遍福"谐音，人们所追求的福、禄、寿、喜中，福占首位，而且遍处皆是福，当然更是人之所求。于是门板上用五只蝙蝠围着中央的"寿"字的图案，表示"五福捧寿"；窗户条格上常用蝙蝠作菱花图案；梁枋上也刻有蝙蝠嘴中衔着铜钱的图案，象征着福禄双喜。从帝王宫殿到乡间祠堂、住宅的装饰图案里都能够看到蝙蝠的踪迹，不过经过工匠的加工，蝙蝠的形象被美化了，有时美化得像蝴蝶，如图4-6所示。

植物中也有用谐音作装饰图案的。"莲荷"的谐音既有"连""年"，又有"和""合"，"连"有连续、连绵不断之意，"和"有和谐、聚合、团圆之意，所以"莲"与"荷"有"和合美好"之意；荷叶下有游鱼则寓意"年年有余"。

除动植物外，器物也有谐音内容。如图4-7所示，装饰中常出现的瓶与盒，它们不但是插花、盛物的常用器物，还有"平"与"和"的谐音，因此，瓶中插四季花，象征着"四季平安"；瓶中插三把戟，寓意"平升三级"；瓶中插麦穗，象征着"岁岁平安"。

图4-6　蝙蝠木雕形象

图4-7　器物砖雕

4.2　形象的演变

　　建筑装饰和一般绘画、雕塑相比，既有共同之处，也有相异之处。它们都属于形象艺术，都以其可视的形象表现其内容，这是共同点。它们的不同之处是，首先，建筑装饰附属于建筑实体，它们都是建筑的一部分，因此装饰形象多受建筑构件形式限制，不能像绘画、雕塑那样任凭艺术家随意创造。其次，建筑装饰中同一种主题形象往往会被重复使用，会成片地出现在同座建筑上。例如，厅堂建筑的格扇门、窗，同一种窗格式样会重复用在每扇格扇上；同一座台基栏杆的望柱头多采用相同的动植物形象；屋顶瓦当和"滴水"，同一种花样的瓦都是成批量地生产，供不同的房屋使用。而这种同样的主题形象重复出现，恰恰是绘画、雕塑创作中十分禁忌的。因此，为了便于制作和使用，用在建筑装饰上的主题形象需要一种更为简化的形态与结构。在中国古代建筑装饰的大量实例中，我们可以看到那些常用的动物、植物、山水、器物的形象都被简化、概括为一种程式化的形态，这种程式化形象的特点既保持了主题真实形象的特征，又比真实形态更为精练。

4.2.1　装饰形象的程式化

　　在历史上，这种程式化的现象出现得很早。秦汉时期的瓦当已大量使用各种动物形象做装饰，除了龙、凤这类神兽外，虎、豹、鹿等皆为自然山林中常见的动物。它们的形象都被简化为一个平面的侧影出现在小小的瓦当上，但经过工匠的细心观察与创作，剪影式的虎与豹仍能表现出那种凶猛的神态，不论是单只鹿还是母子鹿都显出温驯的特性（见图4-8）。汉墓中的画像石与画像砖为我们留下了一批早期人物、动物与植物的形象，这些形象也多为剪影式的平面图案，用简单的线刻表现在砖、石表面上。例如，人们熟悉的马，工匠用精练的形象表现出站立、举蹄欲奔、四蹄腾飞等多种形态，生动而活泼。如果说画像石上的虎形图案还比较写实，那么在同一时期石柱础上的石雕老虎形象则已经精练了许多。柱础石上的虎头、虎身略呈方形，虎尾很长，盘绕着柱子，显得十分有力。

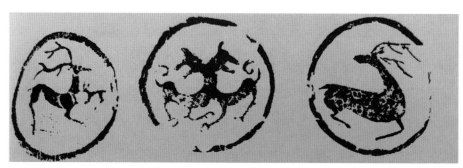

母子鹿纹　　　　　双麛纹　　　　　梅花鹿纹

图4-8　动物瓦当

建筑装饰中常用的牡丹、莲荷等植物，如果用在影壁等大幅装饰图案里，它们真实的形象还能够被雕刻出来，但若用在带形的长条边饰或者连续的石雕柱头上，则其形象需要精练和简化。在长期的实践中，牡丹、莲荷等植物形象已被工匠创作出简练而定型化的形态，如图4-9所示。

图4-9　植物瓦当

自然界中的山、水、云是中国传统绘画中常出现的图案形象，在历代的山水画中，既有十分写实的表现，也有山、水、云简化的表现。装饰雕刻中则进一步把它们的形象程式化，在宫殿建筑台基御道和台基栏杆的龙、凤柱头上，都可以见到这类山、水、云的程式化形象。

装饰中的器物也多以程式化的形象出现。例如，琴、棋、书、画一般是文才广博、品性高雅的象征，它们经常出现在士人住宅的门头、格扇、梁枋上，形象已经简化得用竖琴、棋盘、书函、画卷图案来表现，它们的图案形象几乎成了定型。民间神话人物八仙也是建筑上常用的装饰题材，但八仙的人物形象雕刻起来很费工夫，所以常用八位仙人使用的器物来替代，即张果老的道情筒、钟离权的掌扇、曹国舅的尺板、蓝采和的笛子、李铁拐的葫芦、韩湘子的花篮、何仙姑的莲花和吕洞宾的宝剑，这八件器物代表八仙，装饰中称"暗八仙"，而且这些器物的式样也已定型化了，如图4-10所示。

图4-10　　"暗八仙"器物

4.2.2　装饰形象的变异

　　动物、植物的形象在建筑装饰中被程式化为一种定型的式样，甚至成为一种符号，这无疑会使装饰便于制作，形象塑造的质量也易于保证，但它们也因此失去了原有的生动性。所以在实践中，又出现了一种形象的变异手法，弥补了这种缺陷。

　　例如在建筑装饰里，由于构件形态的不同，龙的形态会做变异处理。在宫殿建筑的梁枋彩画上，龙的装饰用得最多，一幅完整的梁枋和玺彩画，枋心处用的是行进中的长条龙，箍头、藻头部分用的是头在上的升龙和头在下的降龙。在井字天花上，有曲体端坐的坐龙和盘卷如团的盘龙。在九龙壁上，九条龙更是各显神态，飞腾于云水之间，如图4-11所示。如果说这些行龙、升龙、降龙、坐龙、盘龙、飞龙还只是龙体的不同姿态，那么在宫殿屋顶的正吻则真正是龙的变体了。例如，故宫太和殿的正吻外形略呈方形，下方为一龙头张嘴衔吞正脊，上方为龙尾翘向青天，为了弥补龙体的不完整，在正吻身上又附了一条体态完整的小龙，而这种变异组合体在有龙装饰的故宫里不能称为龙，归入龙子行列了。各地寺庙、祠堂、会馆等建筑上的装饰龙也有变异的形态。最常见的是一个正规的龙头连着植物卷草形或者回纹形的龙身、龙足，这样的龙，前者称"草龙"，后者因回纹呈拐来拐去的纹样，故称"拐子龙"。卷草和回纹变化自如，像弯曲的龙体，适宜用在多种形状的构件上，所以在梁枋、门头、格扇的砖石、木料雕刻里经常见到。这种变异的龙纹也出现在故宫次要建筑的门窗上。

图4-11　九龙影壁

　　狮子为野生动物，自从用它来护卫大门，不论石雕、铁铸、铜造还是泥灰塑造的狮子都经过工艺匠之手进行了再创造。从留存至今的唐宋时期陵墓墓道前的石狮子造型来看，都在尊重狮子原型的基础上对狮子头部或四肢做了一定程度的夸大处理，从而更加凸显狮子凶猛、威严的神态。在各地寺庙门前、石栏杆望柱、牌楼夹杆石上也可以见到众多造型有别于常态的狮子。

　　狮子作为力量的象征，每逢节日，都跳起狮子舞，由单人或双人扮演狮子，在驯狮人的逗引下，登高涉水、钻火圈，做出打哈欠、挠痒痒等各种有趣的动作，这些有趣的神态使原来凶猛的野兽变得可亲、可爱。人们通过这样的活动，使狮子不但具有力量，而且也成为喜庆的象征。这种狮子的人性化必然会在装饰的狮子形象上表现出来。于是，各地出现了各种"变异"的狮子形象，有的"歪头"，有的"嬉笑"，有的四肢修长，有的抱着幼狮，有的握着绣球。建筑柱础上的狮子有的背部承柱身，有的用狮身环抱立柱，甚至有的让柱子穿狮身而过。综观这些形象"变异"的狮子，"变异"往往表现在狮子头部和四肢的部位上，尤其是狮子头，"十斤狮子九斤头，一双眼睛一张口"，这是民间工匠对狮子造型的经验总结，狮子的种种神态往往都是通过头部表现出来的，如图4-12所示。

图4-12　形态各异的狮子形象

　　"变异"的手法同样也表现在植物形象上，如图 4-13 所示。建筑柱础上常用荷花的花瓣作装饰，称为"莲瓣"。为了增强莲瓣的装饰效果，工匠们在素净的莲瓣上加刻花纹，称为"宝装莲花"。像这样的"变异"在一些成片、长条的装饰中经常能够见到。为了使这些植物纹饰显得丰富与热闹，工匠们常常不顾它们自然的形态，把枝叶、花朵任意组合，树叶上可以开出花朵，花朵心中又可生长出枝叶，长在水面上的荷叶、荷花和生在水下污泥中的莲藕可以同时出现在一个画面里，甚至把孩童形象放到牡丹花叶中以表现佛教中"化生"的内容。这种违背植物生态特性的装饰处理反倒使植物本身更为生动。在其他民间艺术（如剪纸、面花等）创作中也经常见到类似的作品，如人物的肚子里可以开花结果，猫的肚子里出现老鼠，等等。

民间称这种手法为"花无正果，热闹为先"，意思是在艺术创作中只要求得画面的热闹、生动，是可以不遵循自然界规律的。

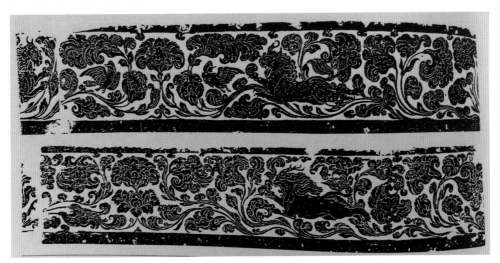

图4-13　唐代卷草纹

4.3　内容的表现

在建筑艺术的表现中，装饰是很重要的手段，它可以较具体地表达出建筑者的人生理念与追求。这种用象征、比拟手法表现出来的内容比较单一，它们总不如绘画、雕塑作品那样能够表达出比较丰富、完整的思想内容，于是，一种带有情节内容的装饰图案出现在建筑上。

例如，人物或手持渔网，或肩担、手扶柴木，或扶犁耕种，或手捧书本，它们与四周的山、水、植物、建筑组成两幅或四幅木雕图案，分别放在厅堂格扇的绦环板或雀替上，成为住宅中最主要的装饰，它们表现的内容比那些只具有象征意义的个体形象更为直接。

江苏苏州网师园内有一座砖雕门头，在门头的梁枋、屋檐、栏杆、斗拱各部位雕有狮子、蝙蝠、莲花、牡丹、竹子、梅花等具有象征意义的形象。在这座门头的左、右两头还安置了两处具有情节内容的砖雕，在矩形的边框内，雕着由人物、建筑、树木、家具组成的戏曲场景，而且用立雕的技法使这些形象都具有立体感，好似在正对厅堂的两座小舞台上鸣锣唱戏，如图 4-14 所示。

北京颐和园万寿山脚下沿着昆明湖岸有一条长廊，四根柱子围成一个开间，在每一个开间的梁枋上都有彩画装饰图案，如图 4-15 所示。这里采用的是苏式彩画图案，在画心都绘有一幅完整的画面，内容除了山水、植物风景之外，多是《三国演义》《水浒传》《西游记》《红楼梦》四大名著中的情节，如《三国演义》中的桃园结义、三顾茅庐、黄忠请战；《西游记》中的三打白骨精、龙宫借宝；《水浒传》中的鲁智深倒拔垂杨柳；《红楼梦》中的元春省亲；等等。一架梁枋上一幅画，人们漫步长廊，除了饱览廊外的湖光山色，还能够细品梁上之画，使长廊成为一条宣扬传统文化的画廊。

图4-14　苏州网师园砖雕

图4-15　颐和园长廊彩画

 本章小结

　　从建筑装饰的起源与发展过程来看，这些装饰形象的塑造与绘画、雕塑不完全相同，即便是那些单纯的装饰构件，也因它们都依附在建筑上并非独立存在，所以形象的塑造会受到限制。从所罗列的各种建筑装饰中可以看到，表现内容多采用象征与比拟的手法，这种手法在中国古已有之。

思考练习题

1. 在当代装饰思维的主导下，建筑图案呈现出哪些不同于传统装饰的特点？
2. 古代建筑图案中隐喻的形象受到了哪些文化的影响？
3. 在当代建筑图案中，隐喻的装饰内容是否仍是主流？其受到了怎样的影响？

第5章

外国经典建筑的特点

外国建筑装饰图案也是世界建筑艺术的重要组成部分，不仅体现了国外人民的精神世界，也记录着不同历史时期建筑的不同特征。意大利建筑师布鲁诺·赛维在《建筑空间论》一书中指出："埃及式＝敬畏的时代，那时代的人致力于保护尸体，否则不能求得复活；希腊式＝优美的时代，象征热情激荡中的沉思安息；罗马式＝武力与豪华的时代；早期基督教式＝虔诚与爱的时代；哥特式＝渴慕的时代；文艺复兴式＝雅致的时代……"

5.1 古印度

古印度是世界四大文明古国之一，有着5000多年的灿烂文化，该地区因地理位置较封闭，形成了独特的文化特色和建筑风格，对东南亚地区的建筑特色产生了深远的影响。其建筑的架构主要受宗教的影响，因此出现了迥异的建筑风格。印度河和恒河孕育了印度文明，是佛教、婆罗门教、耆那教的发祥地，后来伊斯兰教流行，同样留下了丰富的建筑遗迹。

5.1.1 婆罗门教建筑

古印度中部地区兼具南、北部的建筑特点，其庙宇四周有一圈柱廊，内为僧舍或圣物库。院子中央设宽大的基台，正中是一间举行宗教仪式的柱厅，柱厅两侧和前方对称地簇拥着3个或5个神堂，神堂平面为放射多角形。神堂上的塔不高，彼此独立，塔身轮廓为柔和的曲线，有几道尖棱直通相轮宝顶，挑出很大的檐口，由此将几座独立的神堂和柱厅殿连为一体，而中部为水平厚檐，雕有精致的镂空石窗。中部地区桑纳特浦尔的代表性建筑——卡萨瓦庙从形制上看，更像大型的雕塑，其外观的华丽程度甚至到了奢侈的地步，如图5-1所示。雕饰的内容包括植物、动物、神灵图案以及能够想象出来的各种图案，神庙的内部建筑尽管也常有镀金，且配有绚丽的陈设和雕像，但整体看来依旧是简单而粗糙。

图5-1　卡萨瓦庙

5.1.2 耆那教建筑

耆那教庙宇的形制与婆罗门教的庙宇相似，但总体较为开阔，不全封闭，多为十字形柱厅，房顶分布叠涩而成的八角形或圆形藻井，并设有荣誉塔。庙宇内外布满雕塑，工艺精巧、装饰华丽，常运用透雕或圆雕技术使雕刻层次分明，因此呈现过于烦琐的视觉效果。其中具有代表性的耆那教庙宇是迪尔瓦拉庙（见图5-2）及泰加巴拉庙等。

图5-2 迪尔瓦拉庙

5.1.3 佛教建筑

窣堵波（见图5-3）是印度的一种塔的形式，在印度、巴基斯坦、尼泊尔等南亚国家及东南亚国家比较普遍。它原是埋葬佛祖释迦牟尼舍利的一种佛教建筑。窣堵波就是"坟冢"的意思。最开始是为纪念佛祖释迦牟尼，在佛出生、涅槃的地方都要建塔，随着佛教在各地的发展，佛教盛行的地方也建起了很多塔，争相供奉佛舍利。因此，后来塔也成为高僧圆寂后埋藏舍利的建筑。随着佛教传入其他各国，窣堵波的建筑形制与当地文化相融合，呈现出各式各样的形态。汉代时窣堵波传入中国，与中国本土的建筑相结合形成了中国的塔，中国楼阁式塔的塔刹就是由窣堵波造型演变而来。桑契窣堵波为窣堵波的典型代表之一，其形象宏伟壮穆、风格单纯浑朴、细部玲珑纤巧。

古印度人相信大地的深处与神灵具有某种神秘的联系，所以热衷于在坚硬的山岩峭壁上挖凿各种洞穴，以供僧人修行或信徒举行宗教仪式，这些洞穴就是石窟。石窟主要有两种类型：一种是居住用的僧房；另一种是祭祀聚会用的圣殿（支提窟）。石窟一般在门口做一个火焰形的门洞，主体空间藏在山岩里，光线很灰暗。

僧房：也称毗诃罗，供僧侣隐修使用。多为凿山而成，主要布局为核心方厅，周边设柱廊，三面小禅室；多为火焰形门洞，屋顶呈象背式，内外装饰仿竹木结构；在装饰上布满雕饰和壁画。

支提窟：用来举行宗教仪式的石窟，一般为瘦长马蹄形平面，周边设柱廊，尽端半圆部分的中央位置凿出窣堵波，柱头多为帕赛玻里斯式，雕饰复杂，满布壁画。

图5-3　窣堵波

5.1.4　伊斯兰教建筑

　　一般所称的伊斯兰教艺术,并不是指单一的艺术风格,其还吸收了西亚、中亚、北非、西欧、南欧各地的艺术。在伊斯兰教传入印度时,那里已存在婆罗门教、佛教和耆那教的艺术风格,随着伊斯兰教在印度的不断传播,这些多元化的艺术形式根据宗教的需要与区位特点,同古印度艺术的不同地区风格相互融合,形成了一些新的"印度式"建筑风格。其主要的建筑类型为清真寺和宫殿,多采用陵墓集中式建筑形制,这些建筑的风格虽受中亚、波斯的影响,如穹隆室、圆屋顶、拱门和几何图案被广泛应用,但大多保留了红砂石造、传统雕塑等,具有印度建筑的传统风格。

　　在一些庞大的建筑工程中,具有地方特色的建筑形式、建筑方法经过创造性改良、运用,同伊斯兰教的建筑风格结合起来,形成了许多新的建筑形式,如带有高塔的清真寺、圆形屋顶的陵墓等。这些穹顶有很大改进,多以大穹顶为中心形成集中式构图,四角有体形相似的小穹顶衬托,立面设有尖券的龛,墙体多用紫赭色砂石和白色大理石装饰,广泛使用大面积的大理石雕屏和窗花装饰,使建筑轮廓饱满、色彩明朗、装饰华丽,具有强烈的艺术效果。这些新型建筑与印度原有华丽的雕塑建筑完全不同,其外形呈精确的几何图形,内部开阔明亮,利用对称形式与多种颜色巧妙结合。例如,泰姬陵,其艺术水平很高,集印度、中东及波斯的艺术特点为一体,建筑群体的布局完美,建筑体形雄浑高雅,突出肃穆明朗的形象,如图 5-4 所示。

　　综上所述,在印度的古建筑中,宗教建筑占有重要的地位,主要是因为人们狂热而虔诚的宗教信仰。建筑为宗教创造了活动的场所,使人在物质环境空间中,获得了强烈的精神感受,在整个建筑中运用水井、水池、台阶、柱梁、雕刻和神龛等丰富而具有特色的建筑形式,以及对阳光的巧妙处理,使建筑体现出印度独特的文化氛围。

图5-4 泰姬陵全貌

5.2 古埃及

古埃及最早的城市是陵墓城市——死者之城，金字塔就矗立在城市中心，城市由神庙和大厅组成，它们之间由长长的柱廊连接，柱头被雕刻成棕榈叶、荷花以及纸草花的形象。这些陵墓和城市给我们展现了一幅奇怪的景象，普通人居住在河边低矮简陋的村庄和略施粉刷的泥砖房里，而死去的人却踏上了通往永恒生命的道路，住在井然有序的城市之中，占据着最大的、最豪华的建筑物。

埃及是人类最早运用程式法则来创造装饰美的国家，各种艺术形式几乎都遵从宗教王权的象征意义和造型的"程式法则"，根据数学和几何比例来建造和装饰，同时也用相同的表现手段、相似的题材，甚至相同的姿态和类似的服饰，由此创造出高度程式化的装饰美感。

其中，比较重要的是在建筑构件上广泛使用"纸莎草"的形象，如它常被作为支撑物或墙顶部的装饰。埃及柱子不管多高，其造型都是一株纸莎草，柱子的柱础象征纸莎草的根，柱身象征着长秆，柱头则是一棵完全绽放的纸莎草花，周围环绕一圈一圈的植物造型。如果我们用绳子把一组直立的纸莎草捆绑成一束，就像看到了一根华丽的埃及柱子，它有着完整的柱身和绚丽的柱头，无论是单体柱形还是柱林都能体现这些特征，如图 5-5 所示。

古埃及的神庙或陵墓里的壁画装饰图案，其题材描绘的大多是真实的世俗生活。同样，在这些壁画中，不管是祭祀时使用的祭品还是日常生活用品，也大量使用纸莎草装饰，如法老的手中握有纸莎草，植物造型取法自然，叶片的纹脉及其伸展都形象生动，从主干上发散出来的枝条柔美、优雅。单个的花朵如此，成组的花束也是如此，布局合理对称，而且严谨、优美。此类植物形图案在衣物、器皿、石棺等绘画中随处可见。

壁画与浮雕合二为一，这种装饰手法中一个用画笔、一个用凿刀，在其他民族的建筑装饰里，它们是两个不同领域的艺术。但是，古埃及人民将浮雕赋予色彩，以求具有和绘画相同的装饰效果。古埃及绘画中的人物造型呈现明显的"埃及式",即人物姿势必须保持直立,双臂紧贴躯干,正面直对前方,眼和肩为正面,头部及腰部以下为正侧面;面部轮廓写实,富有理想化修饰,表情庄严,采用"平面展开式"的方法把立体形象改变为平面形象。一般根据人物的尊卑安排比例大小和构图位置,在色彩的使用上也有固定的程式:男子皮肤为褐色,女子皮肤为浅褐色或淡黄色,头发为蓝黑,眼圈为黑色,有的眼球用水晶、石英材料镶嵌,以达到逼真的效果。

图5-5 卡纳克神庙

📖 *知识拓展*

纸莎草:是一种古老的水生植物,属多年生绿色长秆草本,丛生于池塘或沼泽地淤泥中,切茎繁殖。水下的白茎,酷似莲藕,可供食用,根部有 5～9 片鱼鳞状嫩叶,茎高 3～4 米,呈三角形,无毛,无枝叶,直径 4～5 厘米,越往上越细;茎中心有髓,白色疏松,含淀粉;茎端为细长的针叶,风一吹四散如蒲公英。古埃及利用它的茎纤维制作灯芯、垫子、篮子、绳子、鞋子、草席等,干根可以制作香料,用于祭祀和熏烟驱赶蚊蝇,能够造纸,常被人称为"纸草"。在早期的古埃及建筑中,人们将一大把纸莎草茎捆起来,用作房柱,这是后来柱式建筑的雏形。由于纸莎草在日常生活中发挥着巨大的作用,所以古埃及人对其十分崇拜。

5.3 古希腊

古希腊是欧洲文明的发祥地,古希腊建筑开了欧洲建筑的先河。古希腊建筑风格表现为和谐、单纯、庄重,布局清晰,它通过自身的尺度感、体量感、材料的质感、造型色彩以及建筑自身所载的绘画及雕刻艺术给人强烈的震撼,强大的艺术生命力令其经久不衰。

无论是雕刻作品还是建筑，古希腊人都认为人体的比例是最完美的。因此，古希腊建筑外在形体的风格基本一致，都以人为尺度，以人体美为其风格的根本依据。它们的比例与规范，则可以说是人体比例、结构规律的形象体现。例如，欧式建筑四种基本柱式在此时期已经定型：多立克柱式（见图5-6左上）、爱奥尼克柱式（见图5-6右上）、科林斯式柱式（见图5-6左下）、女郎雕像柱式（见图5-6右下）。贯穿四种柱式的永远是不变的人体美与数的和谐，柱式的发展对古希腊建筑的结构起了决定性的作用，并且对后来的古罗马乃至欧洲的建筑风格产生了重大的影响。另外，雕刻是古希腊建筑一个重要的组成部分，其建筑与雕刻紧密结合在一起，如爱奥尼克柱式柱头上的漩涡，科林斯式柱式柱头上的由忍冬草叶片组成的花篮，女郎雕像柱式上神态自如的少女，各神庙山墙檐口上的浮雕，都是精美的雕刻艺术，不同的雕刻技法使希腊建筑更具有艺术性，呈现完美和谐的视觉效果。

图5-6　欧式建筑四种基本柱式

帕特农神庙是人类历史上最伟大且有影响力的建筑之一，代表了古希腊建筑与装饰艺术的巅峰，这一建筑为献给古智慧女神雅典娜而建造，并以雅典娜的别号Parthenon（意为"贞女"）命名。

帕特农神庙的雕刻艺术也被世人所推崇，神庙的柱间用大理石砌成92堵殿墙，上面雕刻着神话传说中希腊人与异族斗争并取得胜利的故事。据记载，神庙中间所供奉的雅典娜巨像（现已被损毁）为木胎，肌肤用象牙包裹，衣冠武器则贴以黄金装饰。祭殿外面的腰线上有160米的浮雕装饰，表现雅典娜节日的游行盛况：有欢快的青年、美丽的少女、拨琴的乐师、献祭的动物和主事的祭司等。雕塑一气呵成，形象生动，人物动作完美，历来被认为是希腊浮雕的杰作。

5.4 古罗马时期

古罗马建筑艺术成就很高，大型建筑物风格雄浑凝重，构图和谐统一，形式多样。古代罗马人非常喜欢用框架结构制造建筑，一般以厚实的砖石墙、半圆形拱券、逐层挑出的门框装饰和交叉拱顶结构为主要特点。古罗马建筑的类型很多，如宗教建筑；皇宫、剧场、角斗场、浴场以及广场和巴西利卡（长方形会堂）等公共建筑；居住建筑，有内庭式住宅、内庭式与围柱式院相结合的住宅，还有四五层公寓式住宅。古罗马世俗建筑的形制在当时相当成熟，与功能结合得很好，依靠高水平的拱券结构，建筑能满足各种复杂的功能要求，获得宽阔的内部空间。

万神庙之于古罗马，正如帕特农神庙之于古希腊，万神庙代表着古罗马人设计和建造工程的最高水平，其宏大的穹顶深深扎根于罗马城的心脏，其结构表现出古罗马人在混凝土运用方面的杰出才能。相比帕特农神庙的精致和优美，万神庙显得有些粗鄙，如图 5-7 所示，古罗马人比古希腊人更强调建筑的实用功能。

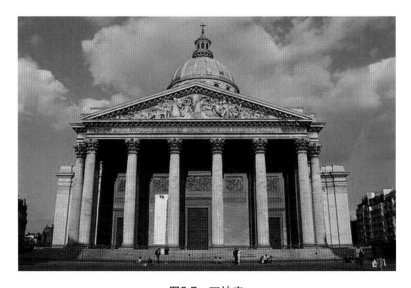

图5-7　万神庙

万神庙采用了穹顶覆盖的集中式形制，是单一空间、集中式构图的建筑物的代表，它也是古罗马穹顶技术的最高代表。按照当时的观念，穹顶象征天宇，万神庙的穹顶中央开了一个直径约 8.9 米的圆洞，是建筑物的主要入光口。从圆洞进来柔和的漫射光，照亮宽阔的内部，有一种宁谧气息。穹顶的外面覆盖着一层镀金铜瓦，如图 5-8 所示。

图5-8　万神庙穹顶

5.5　中世纪时期

中世纪建筑风格的特点不能一概而论，不同区域、不同时间、不同宗教、不同用途的建筑的风格有很大差异，但却又互相影响、交融。中世纪时期的建筑风格主要通过宗教建筑显现出来，可以粗略分为拜占庭式建筑、罗马风格建筑、哥特式建筑等。

5.5.1　拜占庭式建筑

拜占庭式建筑的风格是罗马晚期的艺术形式和以小亚细亚、叙利亚、埃及为中心的东方艺术形式的结合，具有浓厚的东方色彩。

拜占庭的建筑特点主要有四个方面，即屋顶造型普遍使用"穹隆顶"；整体造型中心突出，体量既高又大的圆穹顶，往往成为整座建筑的构图中心，围绕这一中心部件，周围常有序地设置一些与之协调的小部件；创造了把穹顶支撑在独立方柱上的结构方法和与之相应的集中式建筑形制；在色彩的使用上，既注意变化，又注意统一，使建筑内部空间与外部造型显得灿烂夺目，如图 5-9 和图 5-10 所示。

图5-9　圣索菲亚大教堂

图5-10　圣马可教堂

5.5.2　罗马风格建筑

　　早期基督教建筑规模远不及古罗马建筑，设计施工也较粗糙，大多建在古罗马的废墟上，利用废墟的材料，模仿古罗马建筑的风格建造起来，建筑艺术上继承了古罗马的半圆形拱券结构，形式上略有古罗马的风格，史上称这种新形制为"罗曼内斯克"，也被称为罗马风格建筑，譬如意大利的比萨大教堂，如图5-11所示。

　　罗马风格建筑于11世纪至12世纪在西欧发展至巅峰，公元12世纪罗马风格建筑样式遍及整个欧洲，不同民族和地区也有其独特的表现。罗马式教堂建筑采用典型的罗马式拱券结构，它是从古罗马时代的巴西利卡式演变而来的。罗马式教堂的外形像封建领主的城堡，以坚固、沉重、敦厚、牢不可破的造型显示教会的权威。教堂的一侧或中间往往建有钟塔。屋顶上设有采光的高楼，这是唯一能够照进阳光的地方。教堂内光线幽暗，给人一种神秘、肃穆及压迫感。教堂内部主要使用壁画和雕塑装饰，教堂外部的正面墙和内部柱头多用浮雕装饰,这些雕塑图案与建筑结构浑然一体。罗马时期的雕塑具有古代雕塑的感受，较多运用变形、夸张等手法，但由于异族艺术的渗透，又不同于古代的写实风格，这些被变形的形象在浓厚的宗教氛围下给人一种阴郁和怪异感。

图5-11　比萨大教堂

5.5.3　哥特式建筑

"哥特"是指野蛮人（参加覆灭罗马奴隶制的日耳曼"蛮族"之一），在欧洲人眼里罗马式是正统，而新兴的其他建筑形式则被贬为"哥特"，所以"哥特艺术"是一个贬义词，代表野蛮艺术。如果说罗马式以其坚厚、敦实、不可动摇的形体显示教会的权威，且形式上带有复古、继承传统的意味，那么哥特式则以蛮族的粗犷奔放、灵巧、上升的力量来体现教会的神圣精神。它直耸的线条、奇特的空间推移，透过彩色玻璃窗色彩斑斓的光线和各式各样精巧玲珑的雕刻，共同营造出一个"非人间"的境界，给人以神秘感，所以有学者说罗马风格建筑是"地上的宫殿"，哥特式建筑则是"天堂里的神宫"。

就审美的层面分析，罗马式建筑较宽大雄浑，但显得闭关自守，而哥特式建筑则表现出一种人的意念的冲动，它不再是纯粹的宗教建筑物，也不再是军事堡垒，而是精神象征。

哥特式教堂建筑在艺术造型上的特点体现为以下两点。首先，在体量和高度上创造了新纪录；其次，形体向上的动势十分强烈，轻灵的垂直线直贯全身，不论是墙还是塔都是越往上越细，装饰越多，也越玲珑，而且顶上都有锋利的直指苍穹的小尖顶。不仅所有的屋顶是尖的，而且建筑局部和细节的上端也都是尖的，整个教堂处处充满向上的升腾感，这种以高、直、尖和强烈向上的动势为特征的造型风格是教会宗教思想的体现，也是城市显示其强大向上蓬勃生机的精神反映。

与哥特式建筑相伴而生的是优美的彩色玻璃窗画。这种窗画成为信徒们的"圣经"，圆形的玫瑰窗象征天堂。人们走近教堂后不仅对天堂产生神秘感，也可感受到装饰美感，阳光透过玻璃画照到室内，会产生神奇瑰丽的色光效果，引人入胜。

哥特式的雕塑也是教堂建筑不可缺少的装饰，它的人物形象保持独立的空间地位，追求三度空间的立体造型，力求符合真实的形象，使人体逐渐丰满起来，衣褶也有了结构变化，使人感到衣服里面是实在的人体。此时的雕像不再是对人外形的模仿，而是对人的塑造了。雕刻技法多采用圆雕和接近圆雕的高浮雕，代表性建筑主要有圣丹尼教堂、亚眠主教堂。

圣丹尼教堂位于巴黎郊区，一般被认为是第一座真正的哥特式教堂。其四尖券巧妙地解决了各拱间的肋架拱顶结构问题，有大面积的彩色玻璃窗，为后世许多教堂所效仿。法国哥特式教堂的平面虽然是拉丁十字形的基本构图，但横翼凸出很少，西面是正门入口，东头环殿内有环廊，许多小礼拜室呈放射状排列，教堂内部，中厅高耸，有大片彩色玻璃窗。整个教堂向上的动势很强，雕刻装饰极其丰富，西立面是建筑的重点，立面两边各有一座高高的钟楼，一面由横向券廊水平连接，层层后退的尖券组成透视门，券面布满了雕像，正门上面有一个大圆形窗，称为"玫瑰窗"，如图5-12所示。

亚眠主教堂是法国哥特式建筑鼎盛时期的代表作，横翼凸出甚少，东端环殿里放射形布置了7个小礼拜室。中厅的拱间平面为长方形，每间用一个交叉拱顶，与侧厅拱顶对应。柱子不再是圆形，4根细柱附在一根圆柱上，形成束柱。细柱与上边的券肋气势相连，增强向上的动势，如图5-13所示。教堂内部遍布彩色玻璃装饰，几乎看不到墙面，教堂外部雕饰精美，富丽堂皇。

图5-12　圣丹尼教堂

图5-13　亚眠主教堂

亚眠主教堂：远看亚眠主教堂，可以清楚地看到支撑中央顶盖的一个个独立飞券，从侧面看，就像桥梁的一排排钢架穿过侧廊上方，落脚在外侧的一片片横向的墙垛上。这样，不

仅卸去了侧廊拱顶承受的中央顶盖重量，降低侧廊高度，突出中央顶部的侧高窗，也可以减轻外侧墙负担。起初，这可能是对结构的考虑，后来逐渐演变成哥特式教堂外部审美的一种特色，可以根据建筑师的设计意图，做成不同的式样。

法国哥特时期的世俗建筑数量很大，但与哥特式教堂的结构和形式很不一样。后来由于连年战争，城市的防卫功能必须强大，因此城堡多建于高地上，石墙厚实，碉堡林立，外形坚固森严。城墙在一定程度上限制了城市的发展，城内嘈杂拥挤，居住条件很差。多层的市民住所紧贴着狭窄的街道，山墙面街，二层开始出挑以扩大空间，一层通常是作坊或店铺，结构多是木框架。富人宅邸、市政厅、同业公会等建筑则多用砖石建造，采用了哥特式教堂的装饰手法。

5.6　文艺复兴时期

文艺复兴建筑是哥特式建筑之后出现的一种建筑风格。一般认为，15世纪意大利佛罗伦萨大教堂的建成，标志着文艺复兴建筑的开端，后传播到欧洲其他地区。

当时，欧洲的航海事业已经扩展到了亚洲和美洲，原有的地中海贸易在中世纪后期迅速繁荣，造就了环地中海的一些富裕的贸易城市。在这些城市中，商业资本的庞大力量使罗马帝国的世俗力量和宗教力量的对比首次向世俗方向倾斜，市政厅、交易所以及商业贵族所居住的别墅等世俗建筑大量出现。

随着世俗建筑的兴盛，社会对专业人才的需求越来越大，质量也越来越高，此时出现了"建筑师"这个行业，而不是过去的工程师、木匠或者石匠，或雕刻师、绘图师、画家、工程师和细木工等。他们不仅将建筑作为一种营造的经验性行为，同时也赋予建筑理论和文化理念，如果说以前的建筑（从罗马帝国没落到文艺复兴开始）和文化的联系多半处于一种半自然的自发性行为，那么文艺复兴之后则是一种非偶发的人为的行为，这种对建筑的理解一直影响着后世的各种流派。

伴随新理性主义透视法的运用，建筑及其装饰图案设计开始发生改变。单就建筑造型而言，建筑师希望借助古典的比例重新塑造理想中的古典美学秩序，提倡复兴古罗马时期的建筑形式，特别是古典柱式比例，并且以此为基准奠定了直到现代建筑诞生的经典建筑营造模式。建筑师从古代数学家的完美数学比例中得到了启示，认为大自然和人体美皆出于特定数学比例，所以，文艺复兴时期建筑师始终追求完美的建筑比例与秩序关系，拥有严谨的立面和平面构图以及从古典建筑中继承下来的柱式系统、半圆形拱券，以穹隆为中心的建筑形体。

文艺复兴时期意大利世俗建筑类型增多，设计方面也有了许多创新。世俗建筑一般围绕院子布置，有整齐庄严的临街立面，外部造型在古典建筑的基础上，发展出灵活多样的处理方法，如立面分层，粗石与细石墙面的处理，叠柱的应用，券柱式、双柱、拱廊、粉刷、隔石、装饰、山花的变化等，使文艺复兴建筑呈现出崭新的面貌，如图5-14所示。

图5-14　文艺复兴时期的建筑

5.7　巴洛克时期

　　"巴洛克"的原意是指"形状不规则的珍珠"，欧洲人最初用这个词指"缺乏古典主义均衡特性的作品"。巴洛克风格泛指17—18世纪上半叶在意大利文艺复兴建筑基础上发展起来的独特的风格，主要为欧洲各国教会或宫廷中的贵族服务。巴洛克风格打破了对古罗马建筑理论家维特鲁威的盲目崇拜，也冲破了文艺复兴晚期古典主义者制定的种种"清规戒律"，反映了向往自由的世俗思想，同时教堂富丽堂皇的外观以及大量使用贵重材料的习惯，也符合天主教会炫耀财富和追求神秘感的要求。

　　巴洛克的主要特点是放弃古典形式，外形自由，追求动感、不规则，喜好富丽的装饰、雕刻和强烈的色彩，常用穿插的曲面和椭圆形空间来表现自由的思想和营造神秘的气氛，着重于色彩、光影、雕塑性与强烈的巴洛克特色。

　　巴洛克建筑风格主要表现在四个方面：①它追求豪华，既有宗教的特色又有享乐主义的色彩，宗教题材在巴洛克艺术中占有主导的地位；②它是一种激情的艺术，打破理性的宁静和谐，具有浓郁的浪漫主义倾向，不仅强调艺术家的丰富想象力，还综合运用多种艺术形式，重视雕刻与绘画表现，也吸收文学、戏剧、音乐等多领域因素；③极力强调运动，运动与变化可以说是巴洛克艺术的灵魂，不顾结构逻辑，采用非理性的组合，取得反常的幻觉效果，如波形的墙面或不断变化的喷射状的喷泉，描绘充满活力或动作显著的人物（文艺复兴时期多为静态或均衡式表现），运用变换透视追求扑朔迷离的镜面效果等；④关注空间感、立体感、深度感和层次感，强调人造的光线运用，追求一种戏剧性、夸张气氛的创造。

　　罗马的圣卡罗教堂（见图5-15）是典型的巴洛克式建筑，它的殿堂平面近似橄榄形，周围有一些不规则的小祈祷室，还有生活庭院。殿堂平面与天花装饰强调曲线动态，立面山花断开，檐部水平弯曲，墙面凹凸度很大且装饰丰富，具有强烈的光影效果。

图5-15　圣卡罗教堂

5.8　洛可可时期

　　"洛可可"的原意是指"建筑装饰中一种贝壳形图案"。"洛可可"风格反对古典主义的严肃理性和巴洛克的喧嚣放肆，追求自由奔放的格调，表达世俗情趣，对城市广场、园林艺术以至于文学艺术都产生了影响，一度广泛流行于欧洲。洛可可风格的室内选用明快的色彩和纤巧的装饰，家具非常精致且偏于烦琐，装饰工匠的技术水平在此时达到顶峰，如图 5-16 所示。其装饰特点为纤弱、细腻、柔媚、华丽精巧、甜腻温柔、纷繁琐细，受到东方风格的影响，常常采用不对称手法，为了模仿自然形态，室内建筑部件往往做成不对称形状，变化万千。有时喜欢用弧线和 S 形线，尤其偏爱以贝壳、漩涡、山石作为装饰题材，卷草舒花，缠绵盘曲，连成一体。天花和墙面有时以弧面相连，转角处布置壁画。

　　室内墙面粉刷使用嫩绿、粉红、玫瑰红等鲜艳的浅色调，线脚大多用金色。室内护壁板有时用木板，有时做成精致的框格，框内四周有一圈花边，中间常衬以浅色东方织锦。

　　总体来说，洛可可建筑追求极度华丽繁复的装饰，甚至有贵族使用重达数吨的玫瑰花瓣来装饰金殿餐厅的天花，也有人认为洛可可建筑是梦幻而甜得发腻的巴洛克，是变得越来越奇异怪诞的建筑风格的最后一次辉煌。

图5-16　洛可可风格

5.9　东西方建筑的差异

不同的建筑，承载着不同的文化；不同的建造方式，表达着不同的思想。东、西方建筑形式上的差别，反映了物质和自然环境、文化、社会结构形态、人的思维方式以及审美取向的差别。

5.9.1　古建筑取材的差异

东西方古代建筑的差异首先来自材料的不同，传统的西方建筑长期以石头为主体，而东方建筑则一直是以木头为构架。

东西方建筑历来都十分注重屋顶的设计和建造，西方的石制建筑一般是纵向发展，直指天空，这样一来，能否将高密度的石制屋顶擎入云霄，成为建筑艺术的关键所在，而执行这一任务的"柱子"（直线）便成为关键中的关键，所以，西方建筑的基本词汇是"柱子"。中国古代建筑是以木质"斗拱"为基本词汇。所谓斗拱，是将屋檐托起的交叠的曲木，它可以将纵向的力量向横向拓展，因此构造出多种多样的飞檐，或低垂，或平直，或上挑。飞檐可以标明建筑等级，也是建筑设计的难点和要点。

西方是以狩猎方式为主的原始经济方式，存在"重物"的原始心态，从西方人对石材的肯定，可以看出西方人务实、求真的理性精神，在人与自然的关系中强调人是世界的主人，人的力量和智慧能够战胜一切。中国是以原始农业为主的原始经济方式，导致原始文明中重选择、重采集、重储存的活动方式，由此衍生发展起来的中国传统哲学，宣扬的是"天人合一"的宇宙观。"天人合一"是对人与自然关系的揭示，自然与人是息息相通的整体，人是自然界的一个组成部分，中国人将木材选作基本建材，表达了我们重视人与生命、自然的亲和关系。中国人重视"整体的和谐"，西方人重视"分析的差异"。中国哲学讲究事物的对立统一，强调人与自然、人与人之间和谐的关系；而西方哲学主张客观世界的独立性，主、客观分离，对立而不统一。

东西方建筑哲学的差异体现在人与建筑的关系上、空间与实体互为转化的关系中。西方古典建筑偏重实体，千变万化，而空间衍变较少、较单调。中国传统建筑虚实并重，实体上、空间上都很丰富，变化万千，尤其是民居、园林与皇室宫苑。"天人合一"的中国传统思想体现在建筑中，和西方人与物截然两分的观点相异。最显著的是中国古建筑充分适应人的生活变化，与人相融合，加之天井、院落、庭园及通檐排窗、走廊及风水选择与安排，都显示着人、建筑空间与自然之间的水乳交融。例如，徽派建筑（见图5-17）、乔家大院。西方古典建筑则比较重视几何构图，强调建筑的雄伟绮丽，如图5-18所示。

图5-17 徽派建筑

图5-18 伦敦格林尼治皇家医院

5.9.2 对自然的态度差异

东西方对待自然有不同的态度，中国人把自然看成有生命的、运动的整体，人可以与之沟通，强调天地万物与人同体，即将宇宙看成变幻无穷、生生不息的东西。因此，中国人重视生命、重视后代，不需要一个外在的上帝，就能感到自己的生命有意义。西方是把自然看成"一个机械工具"加以运用，因此认为认知的来源是上帝，这个超越世俗、自然的主体，与西方的神学是相辅相成的。人生的意义并不是来自机械的自然，自然只是可以掌握的一个"机械的工具"。

东西方对待自然的不同态度在建筑中也有所反映。西方古典建筑多半是供奉神的庙堂，如希腊神殿、伊斯兰清真寺、哥特式教堂等。而中国经典建筑大多是宫殿，供君主居住，不是孤立的、摆脱世俗生活、象征超越人间的出世的宗教建筑，而是入世的、与世间连在一起的宫殿、宗庙建筑；不是让人产生恐惧的、空旷的内部空间，而是平易的、非常接近日常生活的内部空间组合，不是阴冷的石头，而是温和的木质。

崇尚自然的思想，在中国建筑中首先表现为中国人特殊的审美情趣，即平和自然的美学原则，在中国山水园林设计中，这种思想被表现得淋漓尽致。中国人酷爱名山大川，常常把怡情山水之间与净化心灵联系起来，营造山水建筑时总是主动将建筑与自然融为一体（见图5-19）。深山古寺虽然围墙内部建筑势态各异，外部则总是趋于平静，故称深山"藏"古寺。主体建筑往往建在距山顶有一定距离的地方，尺度一般也不大，若建筑用地不平坦，则依山就势建成台阶状。这一特征与欧洲城堡式建筑在形式上是相悖的，因为中国传统建筑是帮助人们选择更好的视点来欣赏自然，并非炫耀人工技巧。对自然的崇拜还使中国人渴望将自然引入个人生活之中，以模仿自然山水为原则的中国园林就是因这种思想产生的。人们将自然界中的山石、树木、池塘与建筑结合在一起，将天南地北、春夏秋冬，各时各地的风景人为巧妙地组织起来，以达到浑然天成的意境。曲折的池岸、弯曲的小径，用石头堆砌的峰、峦、涧、谷和自由多变的组织方式是中国园林常用的手法。

图5-19　山西悬空寺

5.9.3　建筑空间布局的差异

从建筑的空间布局来看，中国古建筑是封闭的、群体的空间格局。无论何种建筑，从民居到宫殿，几乎都是一个格局，类似于"四合院"模式。不得不说，中国建筑的美是一种"集体"的美。反观西方建筑则是开放的、单体的空间格局，向高空发展。以北京故宫（见图5-20）与巴黎罗浮宫为例，北京故宫是由数以千计的单个房屋组成的波澜壮阔、气势恢宏的建筑群体，围绕轴线形成一系列院落，平面铺展，异常庞大。巴黎罗浮宫则采用"单个体量"的向上扩展和垂直叠加，由巨大且富于变化的形体，形成巍然耸立、雄伟壮观的整体。如果说中国建筑占据着地面，那么西方建筑就占领着天空。

图5-20　北京故宫

5.9.4 建筑发展的差异

从建筑发展过程来看，中国建筑是求稳。与中国不同，西方建筑经常求变，其结构和材料变化较大。究其原因，主要是由于中国封建王朝实力强大，封建制度稳定，人们很少有强烈的突破意识，因苦难而发动的社会变革，也只是封建政权的交替，并没有对封建制度产生根本的撼动。中国传统建筑也正是在这种社会和政治环境下产生、发展、成型的。

4—15世纪，欧洲虽然也步入了封建社会的鼎盛期，但与中国不同，欧洲封建势力并没有建立起统一强大的帝国。封建主的政治力量比较弱，这主要是因为古希腊、古罗马时代市民崇尚自由的观念。这种观念深植欧洲民众的思想中，反对压制，追求自由，追求世俗生活是欧洲人民的普遍愿望，这种本能的叛逆，使封建政权缺少稳固的思想基础，封建势力相对较弱，这时期的欧洲建筑也受政治影响走上多元、多变的道路。

5.9.5 建筑价值的差异

从建筑的价值来看，中国的建筑为求得与天地、自然万物和谐，以趋吉避凶、招财纳福为设计理念，借山水之势，聚落建筑，背靠大山，面对平川，表达出"仰观天文，俯察地理"的特有的中国文化。

早在2000年前古罗马奥古斯都时期的建筑理论家维特鲁威就在他的名著《建筑十书》中提出了"适用、坚固、美观"的典型建筑三要素，被后代建筑师奉为规范，世代相传。17世纪初的建筑师亨利•伍登提出优秀建筑物必须具备三个条件：坚固、实用和欢愉。西方人把"坚固"和"实用"作为评价优秀建筑物的第一和第二原则，也正是如此，西方古希腊、古罗马、古埃及的建筑依然完好地保存着，用实体形象演绎着自己的文化。

5.9.6 实践观念的差异

东西方因理性方向和角度不同，造成了建筑的差异。所谓理性就是对整体性的一种反省、重新把握的一种自觉，理性是自然发生的，只是各自的程度和方向不一样。中国人趋于具体化理性主义，比如跟中国人谈话最好多举例子、就例论事；而西方人则趋于抽象理性主义，跟西方人谈话可以多谈观念、方法、法则。所以我们经常说写文章，而西方人则说是做论文。

中国的理性精神还表现在建筑物严格对称的结构上，以体现严肃、方正、井井有条（理性）。就单个建筑来说，比起基督教、伊斯兰教和佛教建筑，它比较平淡，应该算是逊色一筹，但就整体建筑群看，它结构方正，逶迤交错，气势雄浑，不是以单个建筑物的体状形貌见长，而是以整体建筑群的结构布局、制约、配合取胜，非常简单的基本单位却组成了复杂的群体结构，形成在严格对称中有变化、在多样变化中又保持统一的风貌。

中国传统建筑的构图体现了简洁实用与自然和谐的观念，如中国木结构建筑的屋顶形状和装饰占有重要地位，屋顶的曲线、向上微翘的飞檐（汉以后），使这个本应沉重地往下压的大帽，反而随着线的曲折，显出向上挺举的飞动轻快，配以宽厚的正身和阔大的台基，使整个建筑安定、踏实而毫无头重脚轻之感，起到情理协调、舒适实用、有鲜明节奏感的效果。而西方古典建筑为了强调神的权威或者为了体现人定胜天的理念，将塔楼、柱廊建造得高耸入云，远离人的尺度，震慑人的心灵。

综上所述，东、西方建筑风格的不同，从本质上看还是因为东、西文化的不同导致。中国文化重人，西方文化重物；中国文化重道德和艺术，西方文化重科学与宗教；等等。这些差异大致可归纳为以下几个方面。

1. 幻想与理性

法国著名文学家维克多·雨果高度概括了东、西方艺术的根本差别，他说艺术有两种观念：一为理念——从中产生了欧洲艺术；一为幻想——从中产生了东方艺术。因此西方建筑具有雕刻化特点，其着眼点在于二维的平面与三维的立体；而中国建筑具有绘画的特点，着眼点在于富于意境的画面，不把单座建筑的体量、造型和透视效果作为设计重点，而关注一座座以单体为单元的、在平面和空间上延伸的群体效果。

西方重视建筑整体与局部，以及局部与局部之间的比例、均衡、韵律等形式美原则；中国重视空间，重视人在建筑环境中"移步换景"的空间感受。可以说，欧洲建筑的"理性"集中体现在一个"实"上，中国建筑的"幻想性"集中体现在一个"空"上。

2. 模仿与写意

亚里士多德认为艺术起源于模仿，艺术是模仿的产物。希腊建筑中的不同柱式就是对不同性别的人体的模仿。中国人则重视人的内心世界和对外界事物的领悟和感受，以及如何艺术地体现或表现出这种领悟或感受，即具有很强的写意性。中国人讲究的逼真须以写意性的"传神"为前提。

比如，我国古建筑物上的形如飘风的飞檐翼角，其传神的写意性很有"外师造化，中得心源"的艺术激情和心理感染力。

3. 封闭与开放

中国的四合院、围墙、影壁等都显示出内向性的封闭心态，重隐私，往往将后花园模拟成自然山水，用建筑和墙加以围合，内有月牙河、三五亭台，假山错落……显然有将自然统揽于内部的取向；而西方强调"以外部空间"为主，把中心广场称为"城市的客厅"，有将室内转化为室外的意向，这都是不同文化、心态在建筑上的反映和体现。

本章小结

东西方传统建筑设计中蕴含了环境观念、人文主义精神以及先人的理想追求。无论是北京天坛庄严、神圣的序列空间和建筑形制，还是苏州园林的诗情画意和对意境的追求，均表现了"象天法地，道法自然"的观念。西方古典建筑对人活动的吸引、接纳以及简洁明晰的构图，反映了西方古典哲学思想中的人文主义与理性精神。

建筑发展的客观规律告诉我们不可能脱离传统的影响，设计师应发掘其中的合理内核，自觉推动对传统的延续发展，然而继承传统不是沿袭或重复某些固定的建筑式样，而应注重对其深层文化思想的诠释，在对古今中外优秀建筑文化吸收、交融、创新的基础上，本土文化才会充满活力、丰富多彩。

1. 装饰图案具有实用性与装饰性，必须附着于特定的构件方可呈现。你所了解的中国古典建筑主要构件都有哪些？

2. 现代建筑可以用怎样的方式来进行装饰？

3. 总结一下不同的装饰图案给人以何种视觉感受。

第6章

建筑装饰的民族传统

任何一种艺术表现的内容都脱离不了那个时代的社会生活，都要带有一个地区、一个民族物质生活和意识形态的印记。建筑装饰艺术当然也不例外。明、清两朝帝王，几乎都是在生前即寻地修建自己的陵墓，这生前、死后的皇宫为了体现封建帝王的一统天下、皇权至高无上，除了将皇宫、皇陵都建得规模宏大之外，还应用建筑形体和各种装饰手法表现这种理念。自从龙成了皇帝的象征，宫殿建筑上充满了龙的装饰，走进北京故宫，在台基上，建筑的梁枋、天花藻井、门窗上，到处都可以见到龙的装饰。太和殿一扇格扇门上就有数十条龙，而整座大殿的上上下下、里里外外竟有装饰龙纹 12 600 余处。除了这些完整的龙纹之外，还将含有龙体某一部位的装饰，如有龙头、龙尾的正吻，有龙头甚至兽头的门上铺首、台基螭首等，都称为龙之子而纳入龙的系列，真可谓龙天龙地了。从这里可以看到，在宫殿建筑上，有时反映思想意识的艺术功能甚至超过了它的实用功能，建筑装饰的作用被大大地强化了。

6.1 建筑装饰的传统内容

在以礼治国的封建社会里，儒家学说成了社会的思想支柱，成为中国专制社会的统治思想。在这里，忠孝仁义成为社会的道德观念，福禄寿喜、招财进宝、喜庆吉祥成了大众的理想追求。无数古代的诗歌、小说、戏曲、绘画都在传播和颂扬这种时代的精神，建筑装饰艺术自然也不例外。城乡各地有数不清的忠义、节孝牌坊在传播这种精神。例如，安徽歙县一个村的大道上就竖立着七座石牌坊，都是称颂当地义士、节妇与孝子的功德，如图 6-1 所示。如图 6-2 所示，山西五台山龙泉寺前的那座石牌坊，从屋顶到基座都刻满了各式花饰图案，如龙、蝙蝠、牡丹、灵芝、仙果等图案。各种具有象征意义的动植物形象布满各处，牌坊正中心刻着"佛光普照""法界无边"与"共登彼岸"等图案，所有这些装饰图案向人们展现出一幅佛教天国无比欢乐与繁华的景象。如果说安徽那些牌坊装饰图案向人们宣扬的是人们在日常行动中要遵守的规范，那么五台山佛寺牌坊是以人们来世向往的佛国世界图案内容来引导人们今世的现实生活。

图6-1 安徽歙县许国牌坊

图6-2　山西五台山龙泉寺石牌楼字牌

　　当我们浏览各地寺庙、祠堂、会馆（见图 6-3 和图 6-4）、官署、宅邸上的各种装饰图案后，可以体会到用各类主题表现出来的精神与意识，这里有帝王通过鲜艳的色彩和豪华的装饰图案表现出来的皇权与威势，有文人雅士通过淡泊的色彩和细腻的装饰图案表现出来的超凡脱俗的思想情怀，也有客居各地的商贾在会馆建筑上用烦琐和多彩的装饰图案表现出来的财势。我们在宫殿建筑上可以见到用最精湛的景泰蓝、嵌玉镶宝、描金镀银进行装饰以创造出豪华奢侈的环境，如图 6-5 和图 6-6 所示。

图6-3　各地会馆建筑装饰图案（1）

图6-4　各地会馆建筑装饰图案（2）

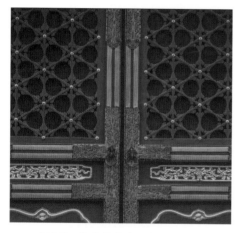

图6-5　北京故宫宫殿门窗（1）

图6-6　北京故宫宫殿门窗（2）

　　如图6-7和图6-8所示，在文人、士大夫的园林、宅院里可以看到由山水、植物与建筑相融合具有自然意境的装饰及图案。这些装饰尽管水平高低不同，材料有别，但它们所表现的内容都是中国数千年的传统文化。

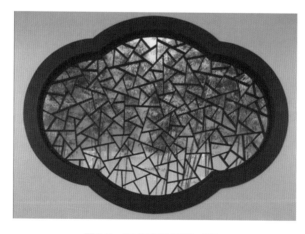

图6-7　园林窗景图案（1）

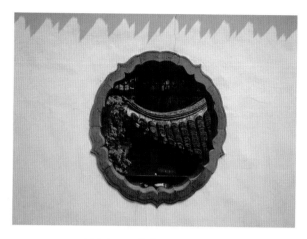

图6-8　园林窗景图案（2）

知识拓展

　　园林：明清时期，江浙一带经济繁荣，文化发达，南京、无锡、苏州、常州、湖州、杭州、扬州、太仓、常熟等城市，宅园建筑盛极一时。这些园林都是在唐宋写意山水园的基础上发展起来的，强调主观的意兴与心绪的表达，重视掇山、叠石、理水等创作技巧；突出山水之美，注重园林的文学趣味。宅园布局受四合院建筑和宫苑影响，园林空间划分数量少而面积大，常用中轴对称布局。

6.2　建筑装饰的表现手法

　　在艺术创作中，形象的塑造来自创作者对客观景物的观察而获得的感性认识，这种认识还只能说是表面和初步的，可称为"表象"。创作者对这些表象进行综合、概括、提炼，经过复杂的逻辑思维与形象思维而创作出艺术形象。这种艺术形象既来源于客观世界，又不同于它们的自然原型。一件艺术作品不但要显示出客观景物有形的物象，还要表现出无形的意境，即艺术家通过这些形象书写的一种主观意念，这种意念通过物象能够使观赏者得到感悟。有无意境成了评价作品高低的标准，意境成了中国艺术创作中的最高追求。正因为如此，中国艺术创作中产生了一系列特点，它们表现在以下几个方面。

　　在作品（尤其在大型作品）的总体构图上，不拘泥于机械的一点透视或两点透视，它讲求动态式的观察，把客观景物通过艺术家的认知做全景式的描绘。例如，宋代张择端创作的《清明上河图》（见图6-9）可以说是这种构图的典范。作者从宋代都城汴梁的城郊一直画到城内的大街小巷，一路过桥，进城门，经过街道，进入商店、酒家、民宅，将沿途所见到的山水、城楼、建筑、桥梁以及划船的船工、商铺的商贾、摆地摊的小贩、饭铺和酒店中的顾客都纳入画中，做了细微的描绘，一幅长达5米多的长卷把当年北宋都城的城乡面貌与民俗风情全景式地展示在人们的眼前。宋代画家王希孟的《千里江山图》（见图 6-10）全景式地描绘了绵亘山势、溪流飞泉、野市水村、楼阁房舍，这种千里江山的景观不用这种全景构图是无法表现出来的。

图6-9　清明上河图（局部）

图6-10　千里江山图（局部）

在画面题材的组织上不拘泥于景观事物的自然关系，为了表达作者某一种情思，可以把各种形象组织在一起。松、竹、梅在山林中不在一起，各种花卉也可能并不在一个季节开放，但是为了表现对高尚品格的追求，多将松、竹、梅这"岁寒三友"画在一起。为了表现百花盛开、万象更新的景象，画家多把春季盛开的牡丹与秋菊、蜡梅放在一幅画上，著名画家齐白石更是把鱼虾动物、花卉植物、各种器物任意拈来组织成一幅画，生动有趣地表现出作者的情思。

在形象的塑造上，中国古代的艺术家不但讲求形似，更注重神似，要以形表情，以形传神，力求形神俱备，贵在意境。在绘画和雕塑创作中，凡塑造形象皆讲求神似和表达意境，有意境可以不求形真。青竹、红梅均为古代绘画中常见题材，许多作品都用墨绘制，作者是通过竹、梅形象表达个人的情思，于是中国画坛上才出现了墨竹、墨梅、墨荷和墨兰的创作，如图 6-11 和图 6-12 所示。还有图 6-13 所示的寺庙中罗汉的画像，为了突出人物的神态，忽略了人体和脸的正常比例。而图 6-14 所示的陶俑的形象，塑造得更为随意，这一组唐代的十二生肖俑，干脆用人的身体配上十二生肖的头，体态与表情都完全拟人化，十分生动地表现出它们不同的神态。

 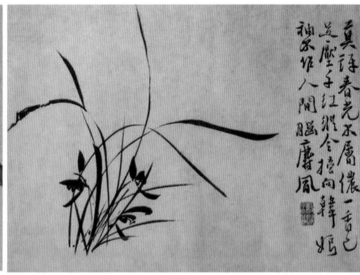

图6-11　墨荷图　　　　　　　　　　　　　　　　图6-12　墨兰图

图6-13　罗汉画像

图6-14　十二生肖唐俑

　　中国丰富的民间艺术作品也特别注意追求形象的神似。在皮影戏、剪纸的创作中，人物、动物的形象都舍去了立体的表现形式而用平面的形式，所以作者必须对主题的真实形象进行概括、提炼，从而达到以二维空间的形态表现主题神态的目的。民间各地创作出众多的虎、猫等形象的玩具和用具，不论是泥制的还是陶制的，民间艺人都对这些动物的真实形象作了大胆的变异，但始终都没有失去它们原本的神态。可以说这种神似的创作手法经过一代又一代的口述、手教和心记，已经深深地扎根于民间艺术创作之中，并且在长期实践中，把这种求神求意的创作手法发展到了极富浪漫主义特色的境地。

　　我国古代建筑的装饰就是在这样的历史背景和传统艺术环境下展开的。中国古代建筑，不论是宫殿、寺庙，还是园林和住宅，从总体规划、个体设计到制造施工，除有极少数官吏、文人的主持和参与以外，全由工匠主持和实施。从春秋时期的鲁班到负责建造北京故宫的蒯祥和清代主持皇家建筑的"样式雷"，几代名家都是具有实践经验的工匠，他们既是经营创造者，又是直接劳动者，他们祖祖辈辈生活在民间，通过祖辈的口述和文字的传承，通过神话、宗教、戏曲和民俗活动不断地受到民族文化的滋养，接受传统的伦理道德和世界观。他们的手艺和其他民间艺术一样，依靠宗族和师徒的关系，言教身教，一代继承一代，所以建筑业内的广大工匠在思想意识和手艺技术上都离不开传统艺术的熏陶。那些寺庙中菩萨、金刚的塑造者，有的也是建筑上砖、石、陶泥装饰的制造者，那些壁画的绘制者也同时是建筑上彩画的创作者。所以，中国古代艺术的传统创作方法与特点也必然指导着建筑装饰的创作。例如，广东广州陈家祠堂外墙上那两幅大型砖雕，都是有数十位人物组成的大场景，他们活动在亭台楼阁之间，应用散点式的构图，构成规模宏大而有序的画面。又如，那些刻制在瓦当上的虎、豹、鹿、马，它们虽都只有剪影式的侧面，但表现出了各自的神态。那些散布在建筑大门两侧和栏杆柱头上的狮子，通过工匠的创作，呈现出无数变异了的形态，但始终没有丢失狮子原本的神态。事实说明，求神似、讲意境的艺术创作方法已经深深扎根于中国艺术的方方面面。

本章小结

　　中国古代建筑在世界建筑发展史上具有鲜明的民族特征，因此从总体上看，依附于建筑上的装饰也呈现出这种特点。如果没有中国特有的木构架的结构体系，就不会有木柱、木梁枋的艺术加工，就不会出现梭柱、月梁、雀替、斗拱等构件的艺术形象，也就不会产生室内天花、藻井、格扇、罩这样的艺术形式。如果没有建筑群体的传统特征，就不会有伴随群体而产生的石狮子、牌楼、影壁、华表这样有装饰性的建筑小品。正是这些依附于建筑的各种装饰，构成了具有中国传统形式的装饰风格。这些装饰所体现的民族传统不仅表现在它们的外形上，还体现在装饰的表现内容、表现方法等方面，只有多方考究才能认识这种传统的真正内涵，才能揭示出这种传统形成的前因后果。

思考练习题

　　1. 中国传统形式的建筑小品在民族传统特征中起到了什么样的作用？
　　2. 民族传统特征的形成受到了什么文化的影响？

第7章

建筑装饰的风格及价值

中国建筑装饰给我们呈现了完全不同于西方雕塑美学的艺术特征和文化神韵。例如，六朝时期的石雕上承两汉大气恢宏的装饰风格，下开唐风新脉，形成了古拙、深厚、细腻的古朴风格。在这一章里，我们选择了建筑屋顶和大门这两处的装饰来说明各民族、各地区的不同特征与风格。那么，这些风格是怎样形成的呢？这些不同风格的装饰都具有哪些艺术和美学的价值呢？

7.1 装饰风格的形成

建筑装饰一般依附在建筑上，它不是独立于建筑的艺术品，因此一个地区、一个民族的建筑风格（或称建筑特征），也决定了这些建筑装饰的风格，它们二者是统一的。

建筑和建筑装饰特征形成的原因是多方面的，总体上看有自然环境和人文环境两方面的因素。自然环境包括各地区的地势、气候、建筑材料等；人文环境包含宗教、信仰、民族文化、风俗以及由此产生的审美趣味等。

1. 自然环境

不同的地势、气候环境会促使形成不同形式的建筑，例如，具有亚热带气候的云南西双版纳拥有通风散热的干栏楼（见图7-1），而具有高寒气候的西藏则创造了厚墙防寒的石碉房（见图7-2），从而产生了空透轻盈与坚实稳重的两种建筑风格。

不同的建筑材料更会产生不同风格的建筑。例如，西方古代由石柱、石壁、石券拱顶组成的一系列古典建筑，称为"石头的史书"，因此这些建筑的大门上也出现了与建筑同一风格的门头装饰。中国古代木结构的建筑使中国出现了木构的门头和由此衍生的砖门头和装饰。

但是为什么同样用木结构为骨架，用砖瓦作墙体和屋顶的建筑，在中国的北方与南方会产生不同风格的房屋呢？甚至在同一地区的江南，古徽州、苏州、福建同一类型的砖门头也会具有不同的风格？这就需要从人文环境去寻找原因。

图7-1　云南西双版纳傣族干栏楼

图7-2 藏族石碉房

2. 人文环境

如图 7-3 和图 7-4 所示，同样为四合院形式的住宅，北京的四合院和云南大理的白族住宅却具有不同的外貌，它们的大门装饰更具有相异的特征。当各地寺庙、祠堂建筑的屋脊上大量用龙作为装饰主题时，广东的一些祠堂屋脊却做成一条热闹的买卖街。同样是木结构的屋顶，北方建筑的屋角平缓起翘，而南方建筑的屋角却高高翘向青天。江南园林建筑那种装饰不多、色彩淡雅风格与各地会馆建筑的雕梁画栋、色彩缤纷风格也形成了鲜明的对比。凡此种种，这些现象都是由宗教、信仰、人生理念、风俗民情等方面的人文环境因素造成的。因此，在这个意义上也可以说，风格特征是人们精神的外在形式，它也是人们审美意识的印痕。

图7-3 北京四合院屋檐

图7-4 云南白族四合院屋檐

任何一种信仰与人生理想、民俗风情都是经过长期的历史积淀而形成的，因此，反映在建筑装饰上的一些风格特征，也是经过漫长的时间才产生的。我们在考查这些建筑装饰的风格特征时会发现一个现象，就是这种地区风格特征并没有一个很明显的分界线，甚至在一个地区可以找到具有另一地区风格特征的装饰。中国古代传统社会，各地区之间交流不畅，是造成不同地区建筑风格特征形成的重要原因。但是作为建筑行业的工匠，尤其是装饰行业的木匠、雕工、画工，他们仍具有一定范围的流动性。浙江东阳自古出木匠、雕工，他们通过外出打工、招收学徒，不仅在浙江各地流动，也有不少走向外省。例如，浙江兰溪的诸葛村自古经营药材，村里建有数十座祠堂，几座讲究的祠堂大门的砖门头、门脸就是从苏州购买砖材，请苏州工匠前来修造的，所以出现了与苏州砖门头相同的形式。

知识拓展

东阳木雕

据东阳《康熙新志》记载，唐太和年间，东阳冯高楼村的冯宿、冯定两兄弟曾分任吏部尚书和工部尚书，其宅院"高楼画栏耀人目，其下步廊几半里"。陆氏墓与唐元和年间进士、宰相舒元舆的墓同在20世纪初被盗，均有精雕的陪葬木俑出土，可见唐代太和年以前东阳木雕已发展到一定程度。现存宋代建隆二年所雕的善财童子和观音菩萨像造型古雅端庄，足以说明东阳木雕当时的水平与风格。传统的东阳木雕属于装饰性雕刻，以平面浮雕为主，有薄浮雕、浅浮雕、深浮雕、高浮雕、多层叠雕、彩木镶嵌雕、圆木浮雕等类型，层次丰富而又不失平面装饰的基本特点，且色泽清淡，不施深色漆，保留原木的天然纹理与色泽，格调高雅，被称为"白木雕"。东阳木雕选料严格，多用椴木、白桃木、香樟木、银杏木等材质。

山东烟台有一座福建会馆，如图7-5所示，这是在烟台经商的福建人的聚会地。为了表现自己家乡的文化和自身的财富，他们特地在福建制作了会馆主要建筑的砖、木结构构

件，海运到烟台进行安装，只有戏台因故未能运到，只能在当地招募工匠制作。会馆建成后，不但让当地百姓看到了福建建筑那种精雕细刻、色彩缤纷的特有风貌，也使当地工匠学到了福建的传统技艺。随着明、清两代手工业和商业经济的发展，文化、技术上的交流更为广泛，人们的见识广了，审美观念也改变了，所以在苏州住宅的门头上，不仅有屋角高翘的屋顶，也有屋角平缓的屋顶，如图 7-6 所示；在山西晋商大院的厅堂大门门楼上也出现了高翘的屋角，如图 7-7 所示。从总体来看，在中国古代，建筑和建筑装饰的地区特征始终存在。

图7-5 山东烟台福建会馆梁架

图7-6 江苏苏州屋檐平直的门头

图7-7 山西晋商住宅屋檐起翘门头

7.2 装饰的艺术和美学价值

一座故宫，反映了明、清两代封建王朝的政治、经济和文化状况，所以历史建筑多具有历史、艺术和科学价值。作为建筑上的装饰，同样也有这方面的价值，只是艺术、美学方面的价值更为突出。

以建筑上的门窗为例，在故宫宫殿建筑的室内外，可以见到满布金龙的格扇以及用名贵的楠木、紫檀制作，用玉石、景泰蓝、丝绸等作装饰的室内格扇，如图7-8和图7-9所示；在苏州的一些名园中，可以见到用磨造的青砖作边框，用瓦片拼出花纹的园门与墙窗；在西藏地区的寺庙里，可以见到用层层门框和木椽装饰并带有黑色梯形门套的门与窗，如图7-10和图7-11所示；在各地乡间的祠堂和住宅上，更能见到具有多种花格式样的门窗。从艺术上讲，它们分别表现了宫廷艺术、文人艺术、宗教艺术与民间艺术，它们都具有艺术美学上的价值，没有高低和优劣之分。

图7-8　北京故宫宫殿满布金龙的隔扇（1）

图7-9　北京故宫宫殿满布金龙的隔扇（2）

图7-10 西藏寺庙门窗（1）

图7-11 西藏寺庙门窗（2）

　　在各地区各种建筑的众多装饰中，广东广州陈家祠堂可以说是集建筑装饰之大成的一组建筑，这里的装饰不仅多，而且都很烦琐。九座厅堂屋顶上的正脊、垂脊都排满了由泥塑、陶塑制成的人物、动物和建筑装饰；房屋山墙头从上到下也满布砖雕；厅堂檐柱之间和台基四周都设有石栏杆，从栏杆望柱、柱头、栏板到扶手上都有凸起的石雕；祠堂外墙上还有几幅由数十位人物和建筑装饰组成的大型砖雕。走入祠堂，更是令人眼花缭乱。与北京宫殿、寺庙的屋脊相比，与安徽、浙江的祠堂栏杆相比，与山西大院房屋的山墙、墀头相比，陈家祠堂的装饰风格无疑是烦琐的、精致的。如图7-12所示，建于清光绪年间的陈家祠堂，它的装饰正像这个时期的瓷器、象牙、漆器等工艺品一样，表现出一种追求造型奇巧、装饰繁重、色彩艳丽的风气，把技术的精雕细刻、制作上的极度精致作为艺术的表现和标准。这种风格的装饰也可在其他建筑上看到。那么，怎样评价这类装饰的艺术和美学价值呢？在宏伟而严肃的宫殿建筑上不会出现这样的装饰，在文人的园林中更不能有这类装饰，但是不少百姓却会仔细地观赏它们，正是这些烦琐装饰所表现的丰富的民俗内容深深地吸引了他们，这些装饰所表现的精湛、奇特的技艺使他们驻足不前，惊叹不止。

古代建筑的这些装饰，不论是构图简练的还是繁杂的，不论是色彩浓艳的还是淡雅的，不论是写实的还是写意的，都是古代工匠应用所掌握的技艺，倾注了全部心血与智慧创造出来的艺术品，它们都具有或相同或不同的美学价值，被不同的人群所欣赏和喜爱。自然，在具体的装饰创作中，由于构图处理、技法表现、色彩应用等方面的不同，会使作品有文野之分和高低之别，但它们的美学价值不会因装饰风格的不同而丧失。

图7-12　广东广州陈家祠堂屋脊

中国古代建筑装饰在长期的实践中，因为有了不同时代、地域特征的共同发展，使传统装饰呈现出十分丰富多彩的面貌，进而使建筑装饰成为中国古代建筑艺术中极为重要的组成部分。

1. 中国传统建筑装饰还呈现出哪些不同的时代特征？

2. 在西方建筑装饰中，呈现了怎样的地域、时代特征。

3. 作为设计的初学者，在当代建筑设计的大趋势下，我们该如何保留传统建筑装饰的人文价值呢？

参 考 文 献

[1] 楼庆西．装饰之道 [M]．北京：清华大学出版社，2011．

[2] （北宋）李诫，撰．营造法式（修订版）[M]．邹其昌，点校．北京：人民出版社，2021．

[3] 孙大章．中国古代建筑装饰：雕构绘塑 [M]．北京：中国建筑工业出版社，2015．

[4] 孙大章．中国民居之美 [M]．北京：中国建筑工业出版社，2011．

[5] 贾珺．中国皇家园林 [M]．北京：清华大学出版社，2013．

[6] 李允鉌．华夏意匠：中国古典建筑设计原理分析 [M]．2 版．天津：天津大学出版社，2020．

[7] 王其均．中国建筑图解词典 [M]．北京：机械工业出版社，2020．

[8] 赵双成．中国建筑彩画图案 [M]．天津：天津大学出版社，2006．

[9] 郑军．中国传统装饰图案 [M]．上海：上海辞书出版社，2019．

[10] 商子庄．中国古典建筑吉祥图案 [M]．北京：新世界出版社，2000．